亚比煞 编著

导读详注版

千年故纸中的闻香往事

香之书

华中科技大学出版社
http://www.hustp.com
中国·武汉

焚香

磁爐沉速爇火時
搵幽芬翻擱
界徑生馨

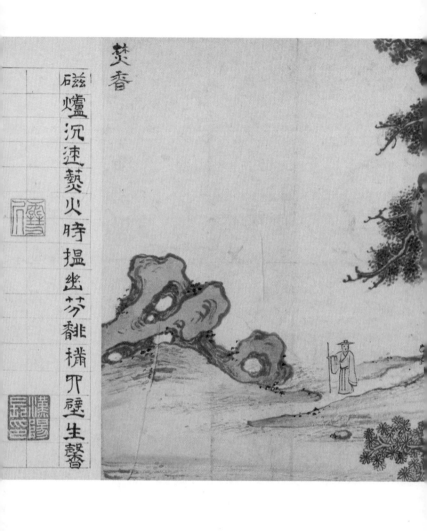

明·孙克弘《销闲清课图》，画卷内容展示了明晚期文人的闲雅生活方式，有烹茗、展画、焚香、赏雪等，所选画卷内容为"焚香"。

香乘總目

十年惜不得余全書而為之
快讀不勝高山仰止之思焉
崇禎十四年歲次辛巳

三

明·周嘉胄《香乘》明崇祯十四年刊本。

作者自序：余好睡嗜香，性习成癖，有生之乐在兹。遁世之情弥笃，每谓霜里佩黄金者，不贵于枕上黑甜；马首拥红尘者，不乐于炉中碧篆。香之为用，大矣哉。通天集灵，祀先供圣，礼佛籍以导诚，祈仙因之升举，至返魂祛疫，辟邪飞气，功可回天，殊珍异物，累累征奇，岂惟幽窗破寂，绣阁助欢已耶。少时尝为此书，鸠集一十三卷，时欲命梓，殊欺挂漏，乃复穷搜遍辑，积有年月，通得二十八卷。嗣后，次第获睹洪颜沈叶四氏香谱，每谱卷帙寥寥，似未赅博，然又皆修合香方通半，且四氏所纂互相重复，至如幽兰木兰等赋于谱无关。经余所采，通不多则，而辩论精审，叶氏居优，其修合诸方，实有赀焉。复得晦斋香谱一卷、墨娥小录香谱一卷，并全录之。计余所纂，颇亦浩繁，尚冀海底珊瑚，不辞探讨，而异迹无穷，年力有尽，乃授欹劂，布诸艺林，卅载精勤，庶几不负。更欲纂《睡旨》一书，以副初志。李先生所为序，正在一十三卷之时，今先生下世二十年，惜不得余全书，而为之快读，不胜高山仰止之思焉。

明·陈洪绶《斜倚熏笼图》节选

　　清·殷奇绘，古人常常在案头设供品香用的"炉瓶三事"，即图中小瓶、宣德炉、香盒。

檀香

明·文俶绘《金石昆虫草木状》，檀香。

红荳蔻

明·文俶绘《金石昆虫草木状》，红豆蔻。

龙脑香，取自《各样药材图册》，清末广州画坊为欧洲人绘制的外销画。

杜衡，取自《各样药材图册》，清末广州画坊为欧洲人绘制的外销画。

白菖，取自《各样药材图册》，清末广州画坊为欧洲人绘制的外销画。

序

潜入中国香道的深海中

我一直对香情有独钟，也许因为嗅觉是最原始的感觉，现代神经学的研究告诉我们，嗅觉是唯一一个不经过丘脑的传递就可以直接进入大脑边缘中枢的感觉，因此神经科学家们认为嗅觉是构成人最原始的感情基础。

它是不必被翻译的语言，它直击情感本源，因此同一种香味也许不同的人闻起来会有截然不同的感觉，有人会因此牵动愉快的回忆，有人则会牵动痛苦的感受。有人喜欢书香，有人喜欢药香，有人喜欢青草香，有人喜欢花香，有人喜欢皂香的洁净感，有人喜欢奶香的软萌感，还有人喜欢闻烟草的味道甚至是汽油的味道……这种来自直觉的喜欢是难以解释的，是一种本能的诱惑。

我一直被这种本能的诱惑吸引，追随着香气的线索寻找各种味道，带着好奇心闻遍了上千种香水，用文字记录下它们的味道，并把好奇的触角延伸到了古老的香道。直到这时，我才发现这里原来是另一片引人入胜的深海，它和现代香水的制作和用法截然不同，它讲究原材料的天然，讲究用香的仪式，它在现代是一种小众的爱好。

但在古时候它其实并不算小众，我们用香的历史可以向前追溯六千年之久，但香道文化的分水岭大约是从汉代开始的，西汉以前，异域的香料还没有传入中国，当时我们使用的香料主要来自植物的花叶果根。因为丝绸之路的开通，异域的很多树脂类的香料和动物类的香料传入中国，香道逐渐成熟则是在魏晋南北朝至隋唐时期，古人对香的认识不断深入，而且开始不满足于使用单一的香料制香，开始出现合香。

直至两宋时期，香道文化到达鼎盛，用香渐渐由皇室贵族、文人士大夫和僧侣佛家扩展到平民百姓，举国上下用香量剧增，焚香成为人们生活中必不可少的存在。大户人家甚至会专设管理香事的奴仆，不仅遇重要的宴会和庆典要焚香，平日在卧室书房中都会香烟不断，甚至贵妇人出行时，身边都会有手持熏香的侍女相随。用香的形式也更加多样，不局限于焚烧，在制作点心、茶汤、墨砚时，一些人开始将香料调入其中。

宋代已经出现了关于香的百科全书，那就是《陈氏香谱》，也被称为《香谱》，书中搜集整理了当时流行的香料、香方和香器具。到了明末，扬州人周嘉胄更是用二十年的时间在《香谱》的基础上增补修订，最后编撰出《香乘》，这本书成为中国香道文化集大成之作，几乎把当时关于香的一切都收录其中，为后世研究香道文化提供了最权威的资料。

但是，《香乘》可能并不适合现代初学者研习，因为其内容庞杂如字典，又是不加句读的古文，无形中为初学者设立了比较高的门槛，难以阅读。因此我们打算做一个精华版的《香乘》，就是现在的这本《香之书》，剔除掉了比较枯燥的部分，选择了《香乘》中最有趣、最好读、最实用的部分，专门成册，并加上白话文的翻译和每一篇章的导读，让读者能够更轻松地理解古老的香道文化。

如果说古老的香道是一片深海，你害怕不得其门而入，或是在其中迷失方向，那么《香之书》就是一艘小小的潜水艇，你可以搭乘它，更有效率、更快速地去领略深海中最美的风景，去观赏那些色彩斑斓的鱼群、壮阔的珊瑚礁以及美丽的水母和海星，我相信它的美一定会吸引你再次归来。

目　　录

用香：香具与香器

宫室用香

香具

制香：合香的艺术

文人香方

基础制香

品香：诗词与文章

香诗汇

香传奇·僧道

香的传奇，就是人性的传奇　　250

寻香

了解香料

在我写出《何处有香丘》这本书以后，有个读者曾经写邮件问过我一个问题，香道文化曾经是中国古代盛行的高雅文化，为什么现在变得如此小众了呢？如果说是文化的断层所致，好像也不确切，因为茶文化或高端白酒还是一直被大众推崇，普及率和接受度都很高，随着社会经济实力的提升，很多高雅事物都成为身份和文化的象征，甚至对国外的高级雪茄、红酒、咖啡的品鉴也持续在国内大热，为什么独独如此高雅的香道文化却无法在大众中盛行，始终只是少数人的小众爱好呢？

这个问题，我觉得非常好，我想了想，原因其实主要还是出在香料上吧。因为哪怕再昂贵再高级的茶、酒、咖啡、雪茄……也都是可以再生的资源，而且产量不小，档次也很多，每个价位都有相对应的产品，是普通人可以消费和负担，可以体验到的东西。

但香却不是这样。很多香料已经是不可再生的稀缺资源了，比如要用几百年才能结出的奇楠沉香，还有天然麝香，或是天然的龙涎香。不要说现代人玩香了，就算在古代香材资源还相对丰富的时候，用香的文化还非常盛行的时候，通常只有皇家贵胄、达官贵人才能玩得起这些香。

正统的香道中所用到的香料，不是我们通常以为的香料，它的选材是极其苛刻的，任何化学加工制品都绝对不能拿来使用，只能用天然香料，而且就算是天然的香料也不是都能够用在香道里的。在《香乘》这本集古时候香料之大成的百科全书里，你会发现一个奇怪的现象，那就是我们今天最常用的那些香料都没有被收录其中。

比如花香中常见的桂花、栀子花、水仙花等，居然都没有收录在香料里，还有大家都很喜欢的果香，也是现代香精中最畅销的那些香型，比如柠檬、橘子、芒果、椰子之类的，居然也都没有被收录其中，这些材料原来是不被正统香道所认可的。

我想原因有二：首先是因为这些香料都太寻常，产量太大，已经变得过于家常，被视为日常用品而没有归入正统的香道之中；其次是这些香料的留香时间通常都比较短，这在香道严格的标准里，会被认为是香品质量不好，不上档次。

香道认为值得被佐以仪式感来品鉴的香料，一要醇厚，二要清正，三要留香的时间足够长，这样的香料才算得上是品级高的香料。《香乘》中收录了多种香料，其中大多数都是木香、草香和动物香，只有极少数的花香。我在其中选出了三十六种，分为八大香，八小香，十异香和十奇香，都是其中最具有代表性的香料。了解了这些香料，基本上也就会对香文化中选用香料的类型有大致的了解。

先说说八大香，它是指古时候地位最高，也最被推崇的八种香料。众香之首当推沉香，沉香原材通常产自东南亚一带，因为结香的方式不同，被细分为很多品级。我几年前曾经去越南旅行，在芽庄的沉香博物馆中见到很多沉香的原材，临走时还在博物馆里买了一串水沉的手串，这几年来一直随身携带。如果闻过真正的沉香，你一定会折服于这种美妙的香味。它的香味极温柔极儒雅，有一种让人瞬间可以宁静下来的力量。每当我感觉疲倦和心烦时，总会习惯性地抬起左手去闻一闻手腕上的手串，每一次沉浸在它的香味中，都会觉得这是人间至高的享受。

最神奇的是，戴了好几年，手串的香味始终没有减弱，反而越来越醇厚清幽，据说这香味可以存续千年之久，历久弥香。

沉香的稀有还在于它并不是可以批量生产的东西，需要百年的时间才能沉结出一段好香，因此上等的沉香"一片万钱，贵比黄金"，像我这样的爱好者只舍得买来戴，但真正的香道中却是拿它来焚烧的。

沉檀龙麝，是传统的四大名香，都在我选择的八大香之中。檀香自不必说，也是珍贵的木香。高品级的檀香，香气层次丰富，时而感觉它像甜甜的奶香，时而感觉它像优雅的花香，有时它又变成温柔的书香味，奇妙异常。檀香树在印度也被认为是神树，不仅因为它通体散香，而且檀香树附近还经常有巨蟒盘绕，仿佛在守护珍贵的宝物，这也为檀香增添了很多神话色彩。

但最有神话色彩的香料，当属龙涎香了。《香乘》是明朝成书的，那个时代人们还搞不明白龙涎到底是从哪里来的，所以《香乘》中一直记载它是龙的唾沫。但今天我们已经知道，龙涎香其实是抹香鲸在吞食大王乌贼之后，因无法消化，肠道中的分泌物凝结成香被排入大海，它最初是黑色的，在海水浸泡之后，渐渐变成灰色直至白色。龙涎香有一种独特的甘甜土香味，单独闻并不是很好闻，但它是最好的定香剂，用它混合其他香料来合香，香味就会变得和谐且美妙，而且合香的香气会凝聚不散，留香也更悠长。

正因为龙涎香在古时的出处不明，所以更为它增加了神话色彩。古人认为龙涎香是从龙的身体中出来的东西，因此有灵力，可以召唤海市蜃楼，还可以在龙涎香的烟雾中看到神仙及鬼怪，再加上这种香料获得的难度比较大，于是备受皇家和达官贵人的追捧，一直是常人可望不可即的名贵香料。现在虽然我们已经知道龙涎香并没有什么神秘的来源，但是因为龙涎香的价格太高，导致抹香鲸被大量捕杀，据相关报道，全世界抹香鲸现存只有20万条左右，所以龙涎香未来只会变得越来越昂贵，甚至可能从此消失在世界上，成为一个传说般的存在。

而麝香的命运也相似，人们为了获取天然麝香，疯狂地捕杀

香之书

麝，这种行为也应该被抵制。现在天然的麝香几乎绝迹，通常我们在香水中见到的麝香都是人工合成的。其实麝香的使用也有一定的危险性，毕竟它来自野生动物，原材料中可能含有激素或细菌，所以在《香乘》中也特别提到，不能直接去闻麝香的原材料，闻了可能会有白虫进脑，长期佩戴麝香也可能患上奇怪的疾病。在这里也提醒一下读者，千万不要因为猎奇随便去购买天然麝香。

除了沉檀龙麝，还有四种大香，分别是龙脑、乳香、丁香、安息香，这都是古代皇家和宗教祭祀中常用的香材。

再说说八小香，分别是降真香、苏合香、零陵香、藿香、芸香、茅香、酴醾香（属蔷薇科，也称蔷薇露）露以及豆蔻香。除了藿香和酴醾香以外，其他大概现代都已经不常用了。蔷薇露也是这中间唯一的花香，可能因为它来自外国，于是比起其他花香，就显得格外名贵，足够被写进《香乘》之中，但在《香乘》的记载中，关于蔷薇露的描写明显有误，所以要在这里专门注解一下。

《香乘》中写到当时在市场上买到的"蔷薇露"，其实应该是经过提炼的玫瑰纯露或玫瑰精油，但当时人以为这种香是收集蔷薇花上面的露水形成的，这种说法不正确。首先露水是不具备强效吸收花香的能力的，更何况这种香从海外运到中国以后，涂在身上还能长久留香，这不是露水能办到的。这应该是以讹传讹。当时的人愿意相信，我想或许是因为收集露水这件事听起来比较美，因此感觉更加珍贵吧，其次也是当时的人们并不懂海外的蒸馏和提纯技术，所以才以为这种香露是花上的露水。

除了八大香、八小香这些常用并且真实存在的香料，《香乘》中还记载了许多有神秘色彩的香料，我也选出了十种作为"十异香"。比如书中提到无胜香能让人战无不胜，牛头旃檀香能让人不被火烧，天仙椒能引来天外神鸟，辟寒香能让冬天的房间温暖如春，等等。这些香并不存在，但非常有趣，想象力奇绝，就像是古代版的机器猫故事一样，所有在人间不能解决的难题，只要从口袋里摸出一种香料来，点燃它，在袅袅的香烟中，一切问题都能迎刃而解。

最后，我还选了十种奇怪的香料，也算是增加一些趣味性和猎奇性吧，也让读者看到原来《香乘》这种看起来非常严肃的香道百科书，也有这么多"奇葩"的内容。这些香包括了汗香、猫香、鼠香、鸟粪香，还有香葱、香酱、香盐，等等，有些可能是真实存在的，有些也可能只是传说和杜撰罢了。

八大香

沉水香

木之心节，置水则沉，故名沉水，亦曰水沉。半沉者为栈香，不沉者为黄熟香，《南越志》言："交州人称为蜜香，谓其气如蜜脾也，梵书名阿迦嚧香。"香之等凡三：曰沉、曰栈、曰黄熟是也。沉香入水即沉，其品凡四。曰熟结，乃膏脉凝结自朽出者；曰生结，乃刀斧伐仆膏脉结聚者；曰脱落，乃因木朽而结者；曰虫漏，乃因蠹隙而结者。生结为上，熟脱次之。坚黑为上，黄色次之。角沉黑润，黄沉黄润，蜡沉柔韧，革沉纹横，皆上品也。——《香乘》，引自《本草纲目》

译：香木所结树脂，放入水中可下沉，故而叫沉水香，又名水沉。放入水中半浮半沉的叫栈香，不沉的叫黄熟香。《南越志》说："交州（今越南北部、中部和中国广西部分地区）的人称之为蜜香，说的是它的香气，如同蜜蜂所营造的蜂房一样。梵书又称之为阿迦嚧香。"沉香分三个等级，分别是沉香、栈香和黄熟香。沉香放进水中就会下沉，也分为四个品类：叫熟结的，是树脂凝结在朽烂的树木慢慢形成的；叫生结的，是刀斧砍树后渗出树脂所结的；叫脱落的，是树木朽落而结出的；叫虫漏的，是被蛀虫腐蚀而结成的。生结是香中的上品，熟结和脱落略差一等。质地坚硬并且呈黑色的香为上品，黄色的香略次一等。角沉又黑又润，黄沉则黄而温润，蜡沉比较柔韧，革沉则有横向纹理。以上这些都是上品的沉香。——《香乘》，引自《本草纲目》

海岛所出，有如石杵、如肘、如拳，如凤、雀、龟、蛇、云气、人物，及海南马蹄、牛头，燕口、茧栗、竹叶、芝菌、核子、附子等香，皆因形命名耳。其栈香入水半浮半沉，即沉香之半结连木者，或作煎香，番名婆菜香，亦曰弄水香，甚类猬刺。鸡骨香、叶子香皆因形而名。有大如笠者，为蓬莱香；有如山石枯槎者，为光香；入药皆次于沉水。其黄熟香，即香之轻虚者，俗讹为速香是矣。有生速斫伐而取者，有熟速腐朽而取者，其大而可雕刻者，谓之水盘头，并不可入药，但可焚爇。——《香乘》，引自《本草纲目》

译：海岛出产的香，有的像石杵，有的像肘子，有的像拳头，有的像凤、雀、龟、蛇等动物，有的像云气或人物，还有的像海南的马蹄、牛头，燕口、茧栗、竹叶、芝菌、核子、附子等，都是按照形状来命名的。栈香放到水中会半浮半沉，即沉香结了一半还连着木头，又称作煎香，西洋名为婆菜香，也叫弄水香，样子像刺猬。鸡骨香、叶子香都因形状而得名。有斗笠那么大的，叫蓬莱香；像山石枝杈的，叫光香；这些香都可以入药，但都不如沉水香。黄熟香是香料中是较为轻虚的，讹传叫作速香的就是它。生速是刀斧砍树得来的，而熟速则是香木腐朽后得到的，其中大的可以拿来雕刻，叫水盘头，不能入药，但可以用来焚烧或爇熏。——《香乘》，引自《本草纲目》

水沉岭南诸郡悉有，傍海处尤多，交干连枝，冈岭相接，千里不绝。叶如冬青，大者数抱，木性虚柔，山民以构茅庐，或为桥梁为饭甑，有香者百无一二，盖木得水方结。多有折枝枯干中，或为沉，或为栈，或为黄熟，自枯死者谓之水盘香。南、息、高、窦等州惟产生结香。盖山民入山，以刀斫曲干斜枝成坎，经年得雨水浸渍，遂结成香。

　　乃锯取之，刮去白木，其香结为斑点，名鹧鸪斑，爇之极清烈。香之良者，惟在琼、崖等州，俗谓之角沉。黄沉，乃枯木得者，宜入药用。依木皮而结者，谓之青桂，气尤清。在土中岁久，不待剜剔而成薄片者，谓之龙鳞。削之自卷，咀之柔韧者，谓之黄蜡沉，尤难得也。——《香乘》，引自《本草纲目》

　　译：岭南各郡都有水沉，靠海的地方尤其多。沉香树彼此之间枝干相连，各山岭之间连成一片，绵延千里不绝。树的叶子像冬青，大的树木需要好几个人合抱，木质虚柔，山民常用这些香木盖茅草屋，或修桥梁或制成做饭的器具。一百棵香木中都找不到一两棵能结香的，因为香木遇水才能结香。有些折断的枯枝中间可能有沉香，或有栈香，或有黄熟香，香木自己枯死而结出的是水盘香。南州、息州、高州、窦州等地，只出产结香。大概因为山民进到山林之中，用刀斧砍掉了那些弯曲的树干，形成像坎一样的伤口，又经过多年雨水的浸渍，才凝结成了香。

　　用锯子取下结香，刮掉里面白色的木头，香结成斑点状的，叫鹧鸪斑，焚烧时气息极为清烈。质地优良的沉香，只产于琼州、崖州等地，俗称角沉。黄沉是由枯木结出来的，适合入药使用。依附在树皮上凝出来的香，被称为青桂，香气尤为清新。埋在土中多年，不用割就结成薄片状的香，称为龙鳞。用刀一削就会自己卷起来，咀嚼起来感觉柔韧，这种香被称为黄蜡沉，尤其难得。——《香乘》，引自《本草纲目》

诸品之外又有龙鳞、麻叶、竹叶之类，不止一二十品。要之入药，惟取中实沉水者。或沉水而有中心空者，则是鸡骨，谓中有朽路如鸡骨血眼也。——《香乘》，引自《本草纲目》

译：除去这些品类外，还有龙鳞、麻叶、竹叶等香，不止一二十种。能拿来入药的，只能选取质地结实的沉水香。中间空掉的沉水香，则是鸡骨香，因为它中间腐朽的地方，如同鸡骨中的血眼。——《香乘》，引自《本草纲目》

沉香所出非一，真腊者为上，占城次之，渤泥最下。真腊之香又分三品：绿洋极佳，三泺次之，勃罗间差弱。而香之大概生结者为上，熟脱者次之。坚黑为上，黄者次之。然诸沉之形多异，而名不一。有状如犀角者，有如燕口者、如附子者、如梭子者，是皆因形而名。其坚致而有横纹者谓之横隔沉，大抵以所产气色为高，而形体非以定优劣也。绿洋、三泺、勃罗间皆真腊属国。——《香乘》，引自叶廷珪《南番香录》

译：沉香的产地不止一处，其中真腊所产的为上品，占城次之，而渤泥的最差。真腊出产的香又分为三个品类：绿洋最好，三泺次之，勃罗间的比较差。香的品级，大概以生结为上品，熟结次之。质地坚硬而呈黑色的香是上品，黄色的次之。沉水香的形态各不相同，名字也不同。有形状像犀牛角的，有像燕子口的，有像附子的，有像梭子的，这些香都依照它们的形状而得名。其中坚硬细致且有纵横纹理的，叫横隔沉。一般以香产出的气味、色泽作为品评高下的标准，而不是以形状来定其优劣。绿洋、三泺、勃罗间都是真腊的属国。——《香乘》，引自叶廷珪《南番香录》

蜜香、沉香、鸡骨香、黄熟香、栈香、青桂香、马蹄香、鸡舌香，按此八香同出于一树也。交趾有蜜香树，干似榉柳，其花白而繁，其叶如橘，欲取香伐之，经年其根干枝节各有别色，木心与节坚黑沉水者为沉香，与水面平者为鸡骨香，其根为黄熟香，其干为栈香，细枝紧实未烂者为青桂香，其根节轻而大者为马蹄香，其花不香，成实乃香为鸡舌香，珍异之木也。——《香乘》，引自陆佃《埤雅广要》

译：蜜香、沉香、鸡骨香、黄熟香、栈香、青桂香、马蹄香、鸡舌香，这八种香都产自同一种香木。交趾有一种蜜香树，树干像榉柳，花朵是白色的，开得很繁茂，叶子像橘树的叶子，如果想要取香就要砍伤它，多年后，它的树根、树干、树枝和枝节都会呈现不同的颜色。树心与最坚硬的枝节呈黑色，而且能沉在水中的，是沉香；泡于水中与水面持平的，是鸡骨香；树根结的叫黄熟香；而树干结的叫栈香；树枝细弱紧实但没有腐烂的结的叫青桂香；树根的节较轻且大的叫马蹄香；沉香木所开的花不香，所结的果实是香的，叫鸡舌香，这真是珍稀奇异的树木呀。——《香乘》，引自陆佃《埤雅广要》

太学同官，有曾官广中者云：沉香杂木也，朽蠹浸沙水岁久得之。如儋崖海道居民桥梁皆香材，如海桂、橘、柚之木，沉于水多年得之为沉水香，本草谓为似橘是已。然生采之则不香也。——《香乘》，引自《续博物志》

译：曾与我一同在太学做官的同僚里，有个人在广西广东一带做过官，他说："沉香是杂木，腐朽或被虫蛀又浸在沙水中，多年以后才能结香。比如居住在儋州、崖州海上航道边的居民所建的桥梁，其原料都用沉香木，像海桂、橘树、柚树这些木材，沉于水中多年都会凝结得到沉水香，所以《本草》上说它像橘树是对

的。但是生采的话就没有香气。"——《香乘》，引自《续博物志》

琼崖四州在海岛上，中有黎戎国，其族散处，无酋长，多沉香药货。——《香乘》，引自《孙升谈圃》

译：琼崖四州在海岛上，中间有个黎戎国，居民分散居住，没有酋长，有很多沉香和药材。——《香乘》，引自《孙升谈圃》

水沉出南海，凡数种，外为断白，次为栈，中为沉，今岭南岩峻处亦有之，但不及海南者清婉耳。诸夷以香树为槽，以饲鸡犬，故郑文宝诗云："沉檀香植在天涯，贱等荆衡水面槎，未必为槽饲鸡犬，不如煨烬向豪家。"——《香乘》，引自《陈谱》

译：水沉是南海出产的，品种非常多，木头外层为白木，往里一点的叫栈香，最中间的才叫沉香。现在岭南的岩石山峰中也发现有这种香，但是不如海南产的香气清婉。南洋很多国家会把香木拿来做食槽养鸡养狗。所以宋朝文人郑文宝有一首诗是这样写的："沉檀香植在天涯，贱等荆衡水面槎，未必为槽饲鸡犬，不如煨烬向豪家。"——《香乘》，引自《陈谱》

沉香，生在土最久不待剜剔而得者。——《香乘》，引自《孔平仲谈苑》

译：沉香如果在土里埋久了，不用剔除杂质就能得到已经结好的香。——《香乘》，引自《孔平仲谈苑》

香出占城者不若真腊，真腊不若海南黎峒，黎峒又以万安黎母山东峒者冠绝天下，谓之海南沉，一片万钱。海北高、化诸州者，皆栈香耳。——《香乘》，引自《蔡絛丛谈》

译：占城产的香没有真腊产的好，真腊产的香又比不上海南黎峒出产的香，而黎峒出产的香又以万安县黎母山东峒所产的冠绝天下，被称为海南沉，价格可以达到一片万钱的地步。海北的高州、化州等地出产的香，都只是栈香而已。——《香乘》，引自《蔡絛丛谈》

上品出海南黎峒，一名土沉香，少有大块。其次如茧、栗角、如附子、如芝菌、如茅竹叶者佳，至轻薄如纸者入水亦沉。香之节因久蛰土中，滋液下流结而为香，采时香面悉在下，其背带木性者乃出土上。

环岛四郡界皆有之，悉冠诸番，所出又以出万安者为最胜。说者谓万安山在岛正东，钟朝阳之气，香尤酝藉丰美。大抵海南香气皆清淑如莲花、梅英、鹅梨、蜜脾之类，焚博山，投少许，氛翳弥室，翻之四面悉香，至煤烬气不焦。此海南之辩也，北人多不甚识。

盖海上亦自难得，省民以牛博之于黎，一牛博香一担，归自择选，得沉水十不一二。中州人士但用广州舶上占城、真腊等香，近来又贵登流眉来者，余试之，乃不及海南中下品。舶香往往腥烈，不甚腥者气味又短，带木性尾烟必焦。其出海北者生交趾，及交人得之海外番舶而聚于钦州，谓之钦香，质重实，多大块，气尤酷烈，不复风韵，惟可入药，南人贱之。——《香乘》，引自范成大《桂海虞衡志》

译：最好的沉香产自海南黎峒，也叫土沉香，这种香很难找到大块的。比土沉香差一等的，形状像茧、栗角、附子、芝菌、茅竹叶的，也是佳品，哪怕是像纸一样的又轻又薄的沉香，放在水里也能沉下去。香木的根节因为长时间埋在土里，所以油脂都往下流而结香。因此去土里采沉香的时候，结香的一面都朝下，而背面带木质的一面在土上面。

寻香：了解香料

环海南岛的四郡都有这种香，而且比南洋各国所产的好，其中又以万安产的香最好。有人说万安山在海南岛的正东，能够聚朝阳之气，所以产出的香品的香气就特别的蕴藉丰美。一般海南出产的沉香，香气都较为清雅端淑，像莲花、梅花、鹅梨和蜂蜜之类的香气。如果这种香放在在博山炉中焚烧，只要放一点点，香气就能弥漫整个房间，翻动香料的时候，四面有香味，就算烧到最后只剩灰烬也不会有任何焦糊味。这是海南人识别香料的办法，北方人大多不怎么了解。

就算在海南，这种香也很难得到。当地人用牛与黎峒人换香料，一头牛换一担香，回来以后再自己选一选，其中沉水香还不到十分之一二。中原的人基本上用的都是广州商船贩来的占城、真腊等地出产的沉香，最近又推崇从登流眉国（今泰国南部，马来半岛洛坤附近）运来的香，我都试过了，居然还不如海南中下档次的香。那些舶来的香料往往气息腥烈，不是很腥烈的香料香气留存时间又短，香中还有木质，烧到最后烟就有焦糊味。海北香一般来自交趾，是交趾人从海外商船上买来而汇聚在钦州的，被称为钦香。这种香又重又实，大块的比较多，香气尤其酷烈，没有沉香那种雅致的韵味，只能拿来入药，南方人大多看不上这种香。——《香乘》，引自范成大《桂海虞衡志》

琼州崖万琼山定海临高皆产沉香，又出黄速等香。——《香乘》，引自《大明一统志》

译：在琼州的崖县、万安、琼山、定海、临高这些地方也出产沉香，还出产黄速等香。——《香乘》，引自《大明一统志》

香木所断日久朽烂，心节独在，投水则沉。——《香乘》，引自《大明一统志》

译：香木折断以后，经历漫长的岁月，木质成分会腐烂消失，只有中心凝结的香脂还在，投进水中会沉下去。——《香乘》，引自《大明一统志》

环岛四郡以万安军（郡）所采为绝品，丰郁蕴藉，四面悉皆翻熬，烬余而气不尽，所产处价与银等。——《香乘》，引自《稗史汇编》

译：环绕着海南岛的四郡，其中万安所采颉到的香是绝品，这种香点燃时气息雅致浓郁，香气四处弥漫，烧至只剩灰烬，香气仍然绵绵不绝。在出产地这种香的价格和白银相同。——《香乘》，引自《稗史汇编》

大率沉水万安东洞（峒）为第一品，在海外则登流眉片沉可与黎峒之香相伯仲。登流眉有绝品，乃千年枯木所结，如石杵、如拳、如肘、如凤、如孔雀、如龟蛇、如云气、如神仙人物，焚一片则盈室香雾，越三日不散，彼人自谓无价宝。多归两广帅府及大贵势之家。——《香乘》，引自《稗史汇编》

译：大致来说，沉水香以万安东峒所产为第一品。如果论海外的沉香，那么登流眉国出产的片沉香与黎峒所产的香，品质难分伯仲。登流眉国有一种绝品沉香，是千年的朽木所结，形状有的像石杵，有的像拳头，有的像肘子，有的像凤凰，还有像孔雀、龟蛇的，有像云气，或像神仙人物的，取一片焚烧则整个房间都会被香雾环绕，过了三天香气都不散，这种香被当地人称为无价之宝，通常都归两广帅府和有权势的大家族所有。——《香乘》，引自《稗史汇编》

香木，初一种也，膏脉贯溢则沉实，此为沉水香。有曰熟结，其间自然凝实者。脱落，因木朽而自解者。生结，人以刀斧伤之而复膏脉聚焉。虫漏，因虫伤蠹而后膏脉亦聚焉。自然脱落为上，以其气和，生结虫漏则气烈，斯为下矣。沉水香过四者外，则有半结半不结为弄水香，番言曰婆菜，因其半结则实而色重，半不结则不大实而色褐，好事者谓之鹧鸪斑。——《香乘》，引自《稗史汇编》

译：各种香木中排名第一的，树中香脂充盈结香沉厚结实，这就是沉水香。有人说，沉水香的熟结是树木死后，其中树脂自然凝结的香。脱落是枝干朽坏之后结出的香。生结是人们用刀斧砍树，让香木出现伤口，不断渗出的树脂所结的香。虫漏则是被蚁虫蛀空以后，树脂凝结成的香。自然凝结的熟结和脱落是上品，因为它们气息柔和，而生结和虫漏的气息比较烈，是沉香中的下品。沉水香除了以上四种，还有半结、半不结，也叫弄水香，西洋称其为婆菜。因其中一半结香的部分质地厚实颜色浓重，而另一半没有结香的部分不厚实且呈褐色，好事者称这种香为鹧鸪斑。——《香乘》，引自《稗史汇编》

婆菜中则复有名水盘头，结实厚者亦近沉水。凡香木被伐，其根盘结处必有膏脉涌溢，故亦结，但数为雨淫，其气颇腥烈，故婆菜中水盘头为下，余虽有香气不大凝实。又一品号为栈香，大凡沉水、婆菜、栈香尝出于一种，而每自有高下。

三者其产占城不若真腊国，真腊不若海南诸黎峒，海南诸黎峒又不若万安、吉阳两军（郡）之间黎母山，至是为冠绝天下之香，无能及之矣。又海北则有高、化二郡亦产香，然无是三者之别第，为一种，类栈之上者。海北香若沉水地号龙龟者，高凉地号浪滩者，官中时时择其高胜。试爇一炷，其香味虽浅薄，乃更作花气百和旖旎。——《香乘》，引自《稗史汇编》

香之书

译：婆菜香有一种香叫水盘头，其中结实厚重的也接近沉水香。香木被砍掉以后，在树桩和树根处会涌出大量的树脂，也会结香。但是因为经常被雨水冲洗，它的气息又腥又烈，所以在婆菜香中水盘头是下品，虽然有香气但不大凝实。还有一个品类，叫栈香。一般来说，沉水、婆菜和栈香都出于一种香木，但有高下之分。

这三类香，占城产的不如真腊产的，真腊产的又不如海南黎峒的，而海南黎峒的香，又比不过产于万安、吉阳两郡之间黎母山的香。这是天下第一的香，再没有比它更好的。此外，海北高州、化州两地也产这种香，但不以这三种区分等级，都被归做一种，其品质与栈香中的上品差不多。在海北所产的香里，有一种很像沉水的被称为龙龟，高凉地区称其为浪滩，官府采购时会选择其中的上品。试着焚一炷这种香，发现它的香味虽然浅薄，但却有百花的芬芳之气，香气妖媚且温柔。——《香乘》，引自《稗史汇编》

南方火行，其气炎上，药物所赋皆味辛而嗅香，如沉栈之属，世专谓之香者，又美之所钟也。世皆云二广出香，然广东香乃自舶上来，广右香产海北者亦凡品，惟海南最胜，人士未尝落南者未必尽知，故著其说。——《香乘》，引自《桂海志》

译：南方在五行中属火，天气炎热，所产的药物也都和天气一样，味道辛辣、气味芳香，如沉香、栈香，世人都称其为香，对其不吝赞美且钟情。世人都说两广出香料，其实广东的香是海上舶来的，而广西的香都产自海北，品级普通，唯有海南产的香料品级最高，没去过南方的人不太了解它，所以就人云亦云。——《香乘》，引自《桂海志》

高、容、雷、化山间亦有香，但白如木，不禁火力，气味极短，亦无膏乳，土人货卖不论钱也。泉南香不及广香之为妙，都城市肆有詹家香，颇类广香，今日多用，全类辛辣之气，无复有清芬韵度也。又有官香，而香味亦浅薄，非旧香之比。——《香乘》，引自《稗史汇编》

译：高州、容州、雷州、化州这几个地方的山里也有香，但是这些香白得像木材，烧起来不耐火力，香气非常短，木头里也没有膏乳。当地人拿来卖，无所谓多少钱。泉南产的香不如广香，在京城有一家店卖詹家香，比较像广香，现在用的人多，这种香气味辛辣，不再有清新芬芳的感觉。还有一种官香，香味也浅薄，完全不能和旧式香的品质比。——《香乘》，引自《稗史汇编》

沉香之属

蓬莱香

出海南山西。其初连木，状如栗棘房，土人谓之刺香。刀刳去木，而出其香，则坚致而光泽。士大夫曰蓬莱香气清而且长，品虽侔于真腊，然地之所产者少，而官于彼者乃得之，商舶罕获焉，故值常倍于真腊所产者云。——《香乘》，引自《香录》

译：蓬莱香产自海南山的西边，最开始成连木状，像栗子带刺的花苞，当地人称其为刺香，用刀刮掉香上面残余的木头，就会露出香结，香结质地坚实密致而且有光泽，士大夫们都说蓬莱香气韵清幽且绵长。这种蓬莱香和真腊所产的香品质差不多，但因为当地出产比较少，且都被当地做官的人拿走了，商船很少能得到这种货。所以它的价格通常是真腊所出香的两倍。——《香

乘》，引自《香录》

蓬莱香即沉水香，结未成者多成片，如小笠及大菌之状。有径一二尺者，极坚实，色状皆似沉香，惟入水则浮，刳去其背带木处，亦多沉水。——《香乘》，引自《桂海虞衡志》

译：蓬莱香就是沉水香，没有结成香的一半是片状，形状像小斗笠或大菌子。其中有直径一二尺的，质地非常坚硬实在。颜色和形状都很像沉香，但是放进水里会浮起，如果用刀刮掉香结背面带木头的地方，这种香大多也能沉进水中。——《香乘》，引自《桂海虞衡志》

光香

与栈香同品第，出海北及交趾，亦聚于钦州。多大块如山石枯槎，气粗烈如焚松桧，曾不能与海南栈香比，南人常以供日用及陈祭享。——《香乘》，引自《桂海虞衡志》

译：光香和栈香是同一级别的，产自海北和交趾，常汇聚在钦州销售。这种香大多是很大块的，像山上的石头枯枝，香气也粗烈，像烧松树或桧树的气味。这种香不能和海南栈香比，但南方人多在日常生活或祭祀的时候用到它。——《香乘》，引自《桂海虞衡志》

海南栈香

香如猬皮、栗蓬及渔蓑状，盖修治时雕镂费工，去木留香，棘刺森然。香之精钟于刺端，芳气与他处栈香迥别。出海北者聚于钦州，品极凡，与广东舶上生熟速结等香相埒。海南栈香之下又有重（虫）漏生结等香，皆下色。——《香乘》，引自《桂海虞衡志》

译：海南栈香的样子很像刺猬皮、板栗外壳或渔翁所穿的蓑衣，想来是成香的过程中费了很大的工夫去雕琢镂空，去掉木头而留下香脂，所以香材上的尖刺森然直立。海南栈香的精华都在刺尖上，香气和其他地方的栈香完全不同。聚集在钦州出售的海北栈香，品级非常普通，和广东商船上贩来的生熟、速结没什么区别，海南栈香以下又有虫漏、生结等香，都是下品。——《香乘》，引自《桂海虞衡志》

番香，一名番沉

出勃泥、三佛齐，气犷而烈，价似真腊绿洋减三分之二，视占城减半矣。——《香乘》，引自《香录》

译：番香出产于勃泥、三佛齐，香气粗犷而辛烈，价格比真腊和绿洋产的香要低三分之二，和占城所产的香比，价格只有它的一半。——《香乘》，引自《香录》

占城栈香

栈香乃沉香之次者，出占城国。气味与沉香相类，但带木不坚实，亚于沉而优于熟速。——《香乘》，引自《香录》

译：栈香是略差一些的沉香，产自占城国，气味和沉香类似，但是带木质，不坚实，比沉香差一点，但是比熟速香要好。——《香乘》，引自《香录》

栈与沉同树，以其肌理有黑脉者为别。——《香乘》，引自《本草拾遗》

译：栈香与沉香出自同一种树，它的纹理中有黑色脉络，这一点与沉香有区别。——《香乘》，引自《本草拾遗》

黄熟香

亦栈香之类，但轻虚枯朽，不堪爇也。今和香中皆用之。

黄熟香夹栈香。黄熟香，诸番出而真腊为上，黄而熟，故名焉。其皮坚而中腐者，其形状如桶，故谓之黄熟桶。其夹栈而通黑者，其气尤胜，故谓夹栈黄熟。此香虽泉人之所日用，而夹栈居上品。——《香乘》，引自《香录》

译：黄熟香也是栈香的一种，但轻虚枯朽，不能拿来焚烧，但如今合香中用的都是黄熟香。

黄熟香里面夹杂栈香，南洋各国都有，但真腊国所产的是上品，颜色是黄色的而且是熟结，因此得名。黄熟香的外皮非常坚实但中间腐坏的，形状像桶，也被称为黄熟桶。有一些夹杂着栈香全黑的，香气特别好闻，也叫夹栈黄熟。这种香虽然是泉州人的日用之物，但夹杂栈香的黄熟香，是列在上品中的。——《香乘》，引自《香录》

近时东南好事家盛行黄熟香又非此类，乃南粤土人种香树，如江南人家艺茶趋利，树矮枝繁，其香在根，剔根作香，根腹可容数升，实以肥土，数年复成香矣。以年逾久者逾香。又有生香、铁面、油尖之称。故《广州志》云：东莞县茶园村香树出于人为，不及海南出于自然。——《香乘》

译：最近东南一些喜好香事的人家里所盛行的黄熟香，不是这一类，而是广东当地人种的一种香树，就像江南人家种茶得利一样。这种香树的树冠低矮，枝叶繁茂，香通常都结在根部，挖掉树根结的香，可以留下一个容纳数升水的洞，把肥沃的泥土填进去，数年之后又能结香。这种香年代越久，香气越好，所以又有生香、铁面、油尖等各种称呼。所以《广州志》上说："东莞县茶园村的

香树都是人种出来的，不如海南的香是自然天成的。"——《香乘》

速栈香

香出真腊者为上。伐树去木而取香者谓之生速，树仆木腐而香存者谓之熟速，其树木之半存者谓之栈香，而黄而熟者谓之黄熟，通黑者为夹栈，又有皮坚而中腐形如桶谓之黄熟桶。速栈黄熟即今速香，俗呼鲫鱼片，以雉鸡斑者佳，重实为美。——《香乘》，引自《一统志》

译：真腊国出产的速栈香为上品。砍伐香树，去掉木头取出结香的名为生速，树自己死掉，木质腐烂以后取出的香叫熟速，树木还有一半和香混在一起的称为栈香，黄色且是熟结的就称为黄熟，通体发黑的就是夹栈，还有一种香外皮坚实而中间腐朽，形状像桶被称为黄熟桶。速栈和黄熟就是今天的速香，俗称鲫鱼片，以带有雉鸡斑点的为上品，以质地厚重密实为美。——《香乘》，引自《一统志》

白眼香

亦黄熟之别名也。其色差白，不入药品，和香用之。——《香乘》，引自《香谱》

译：白眼香就是黄熟香的别名，香上有参差的白色，不能入药，只能用来调制合香。——《香乘》，引自《香谱》

叶子香

一名龙鳞香。盖栈香之薄者，其香尤胜于栈。——《香乘》，引自《香谱》

译：叶子香又叫龙鳞香，大概是栈香中最薄的，它的香气比栈香的要好闻。——《香乘》，引自《香谱》

水盘香

类黄熟而殊大，雕刻为香山佛像，并出舶上。——《香乘》，引自《香谱》

译：水盘香和黄熟香比较像，但更大一些。经常被拿来雕刻成香山、佛像，由海外商船贩运而来。——《香乘》，引自《香谱》

有云诸香同出一树，有云诸木皆可为香，有云土人取香树作桥梁槽甑等用，大抵树本无香，须枯株朽干仆地袭脉，沁泽凝膏，蜕去木性，秀出香材，为焚爇之珍。海外必登流眉为极佳，海南必万安东峒称最胜，产因地分优劣，盖以万安钟朝阳之气故耳。或谓价与银等，与一片万钱者，则彼方亦自高值，且非大有力者不可得。今所市者不过占、腊诸方平等香耳。——《香乘》

译：有人说，各种香其实出自同一种树；有人说，各种树都可以结香；也有人说，当地人用香木修桥，做水槽、食槽等。大概树木本身没有香味，必须等到它的枝干都枯朽了倒在地上，连接地脉靠近水边，开始凝结香膏，退去木头的本性，成为香料，作为焚烧的珍品。海外的沉香一定是登流眉国所产的最好，海南沉香一定是万安东峒所产的是极品。香因产地的不同各有优劣，而万安这地方大概是集聚了朝阳之气，所以能产出最丰厚美妙的香。有些香价格与银子相等，号称"一片万钱"的香，在产地就已经是高价，不是很有势力的人是得不到的。如今市面上卖的香，不过是占城或真腊等地的普通香料而已。——《香乘》

檀香

陈藏器曰：白檀出海南，树如檀。

苏颂曰：檀香有数种，黄白紫之异，今人盛用之，江淮河朔所生檀木即其类，但不香耳。

……

李杲曰：白檀调气引芳香之物，上至极高之分，檀香出昆仑盘盘之国，又有紫真檀，磨之以涂风肿。——《香乘》，以上集《本草》

译：唐代药学家陈藏器说："白檀香产自海南，树像檀木。"

宋代药物学家苏颂说："檀香有很多种，黄檀、白檀、紫檀，都是现在盛行的。江淮河朔一带所生长的檀木，和这些类似，但是没有香味。"

……

金代大医学家李杲说："白檀用来调和香气，做芳香之物的引子，与其他香料搭配，能使香气达到极高境界。檀香出产于昆仑盘盘国，还有一种紫真檀，可以研磨成粉来涂抹治风肿。"——《香乘》，以上集《本草》

叶廷珪曰：出三佛齐国，气清劲而易泄，爇之能夺众香。皮在而色黄者谓之黄檀，皮腐而色紫者谓之紫檀，气味大率相类，而紫者差胜。其轻而脆者谓之沙檀，药中多用之。然香材头长，商人截而短之，以便负贩；恐其气泄，以纸封之，欲其湿润也。——《香乘》，引自《香录》

译：叶廷珪说："檀香产自三佛齐国，香气清静而易散，焚烧时会盖过其他香的香气。有皮而且是黄色的檀香称为黄檀；表皮腐烂呈现紫色的是紫檀。两种檀香的气味基本相同，但紫檀的气味稍微好一些。檀香里还有种又轻又脆的，称为沙檀，在药中常用到。檀香香材通常比较长，商人为了方便贩运就截成短的。又怕香气外泄，就用纸包起来，想让檀香保持湿润。"——《香乘》，引自《香录》

　　　　　　　　　　　　　　　　香之书

秣罗矩吒国南滨海有秣剌耶山，崇崖峻岭，洞谷深涧，其中则有白檀香树，旃檀你婆树。树类白檀，不可以别，惟于盛夏登高远瞩，其有大蛇萦者，于是知之，由其木性凉冷，故蛇盘踞。既望见，以射箭为记，冬蛰之后方能采伐。——《香乘》，引自《大唐西域记》

译：秣罗矩吒国（今印度马拉巴尔海岸）的南滨海有一座秣剌耶山，在崇山峻岭、洞谷深涧中有白檀香树，也有旃檀你婆树（即牛头檀）。这种树和白檀很像，很难区分。要分辨只有到盛夏季节登高远望，如果看到树上有大蛇缠绕，这就是白檀香树。因为白檀树性凉，所以蛇会盘在上面。看清哪棵树有蛇，就射箭在树上作记号，等蛇冬眠以后，就可以前去采伐了。——《香乘》，引自《大唐西域记》

印度之人身涂诸香，所谓旃檀、郁金也。——《香乘》，引自《大唐西域记》

译：印度人身上会涂各种香料，就是所谓的旃檀和郁金。——《香乘》，引自《大唐西域记》

剑门之左峭岩间有大树生于石缝之中，大可数围，枝干纯白，皆传为白檀香树，其下常有巨虺，蟠而护之，人不敢采伐。——《香乘》，引自《玉堂闲话》

译：剑门山左边峭壁的岩石缝里，有一棵大树生长其中。大到几个人才能围住，树的枝干是纯白色的，人们都说这是白檀香树，大树下常常有巨大的蟒蛇盘踞，保护这棵大树，人都不敢去采伐。——《香乘》，引自《玉堂闲话》

吉里地闷其国居重迦罗之东，连山茂林，皆檀香树，无别产焉。——《香乘》，引自《星槎胜览》

译：吉里地闷（今努沙登加拉群岛中的帝汶岛）位于重迦罗（今印度尼西亚爪哇岛泗水一带）的东面，国内群山相连，林木繁茂，山上全是檀香树，不产别的东西。——《香乘》，引自《星槎胜览》

檀香出广东、云南及占城、真蜡、爪哇、渤泥、暹罗、三佛齐、回回等国。——《香乘》，引自《大明一统志》

译：檀香产自广东、云南等省和占城、真蜡、爪哇、渤泥、暹罗、三佛齐、回回等国家和地区。——《香乘》，引自《大明一统志》

云南临安河西县产胜沉香即紫檀香。——《香乘》，引自《大明一统志》

译：云南临安、河西县出产的胜沉香就是紫檀香。——《香乘》，引自《大明一统志》

檀香，岭南诸地亦皆有之，树叶皆似荔枝，皮青色而滑泽。紫檀，诸溪峒出之，性坚，新者色红；旧者色紫，有蟹爪文。新者以水浸之，可染物。旧者揩粉壁上，色紫故有紫檀色。黄檀最香，俱可作带胯扇骨等物。——《香乘》，引自王佐《格古论》

译：岭南各地都有檀香出产。树叶都很像荔枝，树皮为青色摸起来润滑。诸溪峒出产紫檀香，质地坚硬。新出的紫檀是红色的，老的紫檀是紫色的，有蟹爪纹。新紫檀用水浸泡后可以拿来染东西。老紫檀涂在墙上会有紫色，所以叫紫檀。黄檀最香，可以用来制作胯带、扇骨之类的东西。——《香乘》，引自王佐《格古论》

《楞严经》云："白旃檀涂身能除一切热恼。"今西南诸蕃酋皆用诸香涂身，取其义也。

檀香出海外诸国及滇粤诸地。树即今之檀木，盖因彼方阳盛燠烈，钟地气得香耳。其所谓紫檀即黄白檀香中色紫者称之，今之紫檀即《格古论》所云器料具耳。——《香乘》，引自《本草纲目》

译：《楞严经》里说："用白檀涂身体，能除一切燥热烦恼。"如今西南地区各部族的酋长都用各种香料涂身体，取的就是这个用法。

檀香出产于海外各国以及滇粤等地。檀香树就是今人所说的檀木，大概因为那个地方阳光炽热，地气极盛，所以能长出这种香树。他们说的紫檀其实是黄檀或白檀香中呈紫色的那种。今人所说的紫檀，就是《格古论》中所说的制造各种器具的材料。——《香乘》，引自《本草纲目》

道书言：檀香、乳香，谓之真香，止可烧祀上真。——《香乘》

译：道家的书上说："檀香、乳香被称为真香，只能用来焚烧祭祀上真仙人。"——《香乘》

旃檀逆风

林公曰：白旃檀非不馥，焉能逆风？《成实论》曰：波利质多天树，其香则逆风而闻。——《香乘》，引自《世说新语》

译：林公说：白旃檀的香气并不是不浓烈，但逆风怎么能闻到呢？《成实论》中说：波利质多树①的香气就算是逆风也能闻

---

①波利质多树：植物，又译波利质多罗、波疑质姤。

到。——《香乘》，引自《世说新语》

乳香

熏陆即乳香，其状垂滴如乳头也。镕塌在地者为塌香，皆一也。佛书谓之天泽香，言其润泽也，又谓之多伽罗香、杜鲁香、摩勒香、马尾香。——《香乘》

译：熏陆就是乳香，形状如垂滴的乳头。融化了塌在地上的叫塌香，两者是同一种香。佛经中称其为"天泽香"，说它质地润泽，它还有多伽罗香、杜鲁香、摩勒香、马尾香这些名字。——《香乘》

苏恭曰：熏陆香，形似白胶香，出天竺者色白，出单于者夹绿色，亦不佳。

宗奭曰：熏陆，木叶类棠梨，南印度界阿叱厘国出之，谓之西香，南番者更佳，即乳香也。

陈承曰：西出天竺，南出波斯等国。西者色黄白，南者色紫赤。日久重叠者不成乳头，杂以砂石；其成乳者乃新出，未杂砂石者也。熏陆是总名，乳是熏陆之乳头也，今松脂枫脂中有此状者甚多。

李时珍曰：乳香，今人多以枫香杂之，惟烧时可辩。南番诸国皆有。《宋史》言乳香有一十三等。——《香乘》，以上集《本草》

译：唐代药学家苏恭说："熏陆香的形状像白胶香，产自天竺国的是白色，产自单于国（匈奴）的夹有绿色，品质也不好。"

宋代药物学家宗奭说："熏陆树的叶子像棠梨，南印度境内的阿叱厘国（今孟买北部）产这种香，称之为西香。南番出产的品质更好，就是乳香。"

北宋医家陈承说："这种香西边出自天竺国，南边出自波斯等国。西方出产的是黄白色，南方出产的是紫红色。有些时间长了重叠在一起，没有形成乳头状，其中还杂有沙石。形成乳头状的都是新生的，而且没有夹杂沙石。熏陆是它们共同的名字，乳香是指生成乳头形状的熏陆。如今的松脂、枫脂香中，也有很多是这种形状。"

李时珍说："现在的人大多把枫香混在乳香里，只有烧的时候才能分辨出来。南番各国都产这种香。"《宋史》说："乳香有十三等。"——《香乘》，以上集《本草》

大食勿拔国①边海，天气暖甚，出乳香树，他国皆无其树。逐日用刀斫树皮取乳，或在树上，或在地下。在树自结透者为明乳，番人用玻璃瓶盛之，名曰乳香。在地者名塌香。——《香乘》，引自《埤雅》

译：大食勿拔国地处海边，气候非常温暖，出产乳香树，其他国家都没有这种树。人们每天用刀砍破树皮取出树中的乳汁，乳汁有时凝结在树上，有的滴在地上。在树上自然凝结成透明状的，叫明乳，当地人用玻璃瓶收集它，取名乳香，落在地上的就叫塌香。——《香乘》，引自《埤雅》

熏陆香是树皮鳞甲，采之复生。乳头香生南海，是波斯松树脂也，紫赤如樱桃透明者为上。——《香乘》，引自《广志》

译：熏陆香是树皮上鳞甲状的物质，采之之后，还能再长出来。乳头香出产于南海，是波斯松的香脂，紫红色像樱桃一样并

---

①大食勿拔国：古国名，今阿拉伯地区。

且透明的为上品。——《香乘》，引自《广志》

乳香，其香乃树脂，以其形似榆而叶尖长大，斫树取香，出祖法儿国。——《香乘》，引自《华夷续考》

译：乳香是一种树脂，这种树像榆树，叶尖长而且大，斫破树皮就可以取出香脂，出产于祖法儿国①。——《香乘》，引自《华夷续考》

熏陆，出大秦国②。在海边有大树，枝叶正如古松，生于沙中，盛夏木胶流出沙上，状如桃胶，夷人采取卖与商贾，无贾则自食之。——《香乘》，引自《南方异物志》

译：熏陆，出产于大秦国。大秦国的海边生长着一种大树，枝叶如同古松，长在沙里，每到盛夏时节，树胶就会流在沙子上，样子像桃胶，当地人会捡这种胶卖给商人，如果没人买的话，就自己吃掉。——《香乘》，引自《南方异物志》

阿叱厘国出熏陆香树，树叶如棠梨也。——《香乘》，引自《大唐西域记》

译：阿叱厘国出产熏陆香树，树叶似棠梨。——《香乘》，引自《大唐西域记》

《法苑珠林》引益期《笺》：木胶为熏陆流黄香。——《香乘》

译：《法苑珠林》中引用益期《笺》里的说法："木胶，是熏

①祖法儿国：古国名，又译佐法儿。在今阿拉伯半岛东南岸阿曼的佐法儿一带。

②大秦国：中国古代对罗马帝国称呼。

陆、流黄香。"——《香乘》

熏陆香出大食国之南数千里，深山穷谷中，其树大抵类松，以斧斫，脂溢于外结而成香。聚而为块，以象负之，至于大食，大食以舟载，易他货于三佛齐，故香常聚于三佛齐。三佛齐每年以大舶至广与泉，广泉舶上视香之多少为殿最而。香之品有十。

其最上品为栋香，圆大如指头，今世所谓滴乳是也；次曰瓶乳，其色亚于栋者；又次曰瓶香，言收时量重置于瓶中，在瓶香之中又有上、中、下之别；又次曰袋香，言收时只置袋中，其品亦有三等；又次曰乳塌，盖镕在地，杂以沙石者；又次曰黑塌，香之黑色者；又次曰水湿黑塌，盖香在舟中，为水所侵渍而气变色败者也；品杂而碎者曰斫硝；颠扬为尘者曰缠香；此香之别也。——《香乘》，引自叶廷珪《香录》

译：熏陆香出产于大食国南面数千里的深山中，树长得和松树比较像，用斧子砍破树皮，就会有树脂溢出，凝结成香，聚积成块。人们用大象驮着这些香，运到大食国，大食国又用船将它们运到三佛齐国，用香交换其他货物。因此，这种香常常汇聚在三佛齐国。三佛齐国每年用大船把香运到广州、泉州。广州和泉州的商船以这种香的多少来评定它们的价格和品质。熏陆香分为十个品级。

乳香中最上品的叫栋香，又圆又大如同指头，现在叫"滴乳"的就是这种；其次叫瓶乳，它的颜色不如栋香；再低一级的叫瓶香，收这种香的时候是放在瓶子里称重量的，在瓶香之中，又有上、中、下等的区别；比瓶香更差一等的叫袋香，意思是说收的时候只放在袋子中，它也分三个等级；更差一点的叫乳塌，因为是融化后落在地上的，所以其中夹杂着沙石；再差一点的叫黑塌，是黑色的；更差一点的叫水湿黑塌，这种香放在船里被水浸过，香味和颜色都已经败坏；品质混杂而且香料破碎的，叫砍硝；在风中扬起时成尘末状的，叫缠香。以上，就是熏陆香的类别。——《香乘》，引自叶廷珪《香录》

伪乳香，以白胶香搅糖为之，但烧之烟散，多吡声者是也。真乳香与茯苓共嚼则成水。

皖山石乳香玲珑而有蜂窝者为真，每先爇之，次爇沉香之属，则香气未乱，香烟罩定难散者是，否则白胶香也。

熏陆香树，《异物志》云枝叶正如古松。《西域记》云叶如棠梨。《华夷续考》云似榆而叶尖长。《一统志》又云类榕。似因地所产，叶干有异，而诸论著多自传闻，故无的据。其香是树脂液凝结而成者，《香录》论之详矣，独《广志》云熏陆香是树皮鳞甲，采之复生，乳头香是波斯松树脂也，似又两种，当从诸说为是。——《香乘》

译：伪造的乳香，是用白胶香搅糖制成的。烧的时候烟很容易散，而且有吡吡的声音的，就是伪造的乳香。真正的乳香可以和茯苓一起咀嚼，会变成水。

皖山石乳香，形态玲珑而有蜂窝的是真品。每次焚香前，先焚乳香，再焚沉香，如果香气不乱，香烟也不容易消散的就是乳香；否则，就是白胶香。

熏陆香树，《异物志》上说枝叶如同古松。《西域记》上说叶子如同棠梨。《华夷续考》上说形似榆树而叶片尖长。《一统志》又说类似榕树。似乎各地所产的熏陆香树，叶子和枝干都不太一样，而各家论述多出自传闻，缺乏确实的依据。熏陆香，是树脂凝结成香的。对此，《香录》中的论述非常详细。只有《广志》中说熏陆香是树皮的鳞甲，采香之后，能再生长出来，乳头香是波斯松树的树脂。这里似乎说的是两种香，还是应当按照之前各家

的论述而定。——《香乘》

鸡舌香（丁香）

陈藏器曰："鸡舌香与丁香同种，花实丛生，其中心最大者为鸡舌，击破有顺理而解为两向如鸡舌故名。乃是母丁香也。"

苏恭曰："鸡舌香树叶及皮并似栗，花如梅花，子似枣核，此雌树也，不入香用。其雄树虽花不实，采花酿之以成香。出昆仑及交州、爱州以南。"

李珣曰："丁香生东海及昆仑国。二月、三月花开紫白色，至七月始成实，小者为丁香，大者如巴豆，为母丁香。"

马志曰："丁香生交、广、南番，按《广州图》上丁香，树高丈余，木类桂，叶似栎，花圆细黄色，凌冬不凋，其子出枝蕊上，如钉，长三四分，紫色，其中有粗大如山茱萸者，俗呼为母丁香，二八月采子及根。一云盛冬生花子，至次年春采之。"

雷敩曰："丁香有雌雄，雄者颗小，雌者大如山茱萸名母丁香，入药最胜。"

李时珍曰："雄为丁香，雌为鸡舌，诸说甚明。"——《香乘》，以上集《本草》

译：陈藏器说："鸡舌香和丁香是同一品种。花瓣与果实丛生，其中心最大的就是鸡舌香。把果实打破能看到顺向的纹理，破成两半以后形状像鸡舌，所以得名，这就是母丁香。"

苏恭说："鸡舌香树的树叶和皮都像栗子树，花朵像梅花，果实像枣核，这是雌树，不能拿来当香料。而雄树只开花，不结果，采雄树的花才可以酿制成香。鸡舌香产于昆仑山以及交州、爱州（今越南北部地区）以南。"

五代时词人李珣说："丁香长在东海和昆仑国（南海诸国总

称），二三月开花，花朵是紫白色的，到了七月才能结出果实，小的是丁香，大的像巴豆，是母丁香。"

宋代医家马志说："丁香生长在交州、广州、南番等地。《广州图》上记载的丁香，树高一丈多，样子像桂树，叶子像栎叶。花是圆圆小小的黄色花朵，到冬天也不凋谢。丁香子会生于枝蕊上，形状像钉子，长三四分，是紫色的。其中有种像山茱萸一样粗大的，俗称母丁香，分别在二月、八月采摘丁香子和丁香根。也有人说隆冬时节丁香会开花结子。到了第二年春天，才能去采摘。"

南朝宋时药物学家雷敩说："丁香有雌雄之分。雄的颗粒比较小，而雌的有山茱萸那么大，称为母丁香，入药最好。"

李时珍说："雄的是丁香，雌的是鸡舌香，各种说法都很明确。"——《香乘》，以上集《本草》

丁香，一名丁子香，以其形似丁子也。鸡舌，丁香之大者，今所谓母丁香是也。——《香乘》，引自《香录》

译：丁香，也叫丁子香，因为它的形状像钉子。鸡舌香，是丁香中较大的那种，就是今天所说的母丁香。——《香乘》，引自《香录》

丁香诸论不一，按出东海、昆仑者花紫白色，七月结实；产交、广、南番者，花黄色，二八月采子；及盛冬生花，次年春采者，盖地土气候各有不同，亦犹今之桃李，闽越燕齐开候大异也。愚谓即此中丁香花亦有紫白二色，或即此种，因地产非宜，不能子大为香耳。——《香乘》，引自《香录》

译：关于丁香，有各种不一样的说法。出产于东海和昆仑的丁香花是紫白色，每年七月结子；出产于交州、广州、南番各地的花是黄色的，每年二八月采子；还有说是隆冬时节开花的，次年春天采摘，可能因为各地土壤和气候条件各有不同，就像现在的桃花、李花，在闽越燕齐各地开放的时间也都不大相同。我认为这些人说的丁香花有紫色和白色两种，或者就是同一种，只是因为产地不适合，所以没办法长大变成香罢了。——《香乘》，引自《香录》

丁香（补遗）

丁香，东洋仅产于美洛、居夷，人用以辟邪，曰：多置此则国有王气，故二夷之所必争。——《香乘》，引自《东西洋考》

译：丁香，东洋只有美洛和居夷两地出产，当地人通常拿来辟邪，说多多置备丁香，则国家就有王者之气。因此，丁香成了两地的必争之物。——《香乘》，引自《东西洋考》

丁香生深山中，树极辛烈，不可近，熟则自堕。雨后洪潦漂山，香乃涌溪涧而出，捞拾，数日不尽，宋时充贡。——《香乘》，引自《东西洋考》

译：丁香长在深山里，这种树的气味极其辛烈，无法接近，丁香成熟之后，会自然落下来。大雨之后，山中会有洪水，丁香就会随着奔涌的溪流被冲出山外。人们就来捞取采拾，好几天都捞不完。宋代的时候，丁香被拿来充作贡品。——《香乘》，引自《东西洋考》

安息香

安息香，梵书谓之拙贝罗香。——《香乘》
译：安息香，梵书称其为拙贝罗香。——《香乘》

《西域传》：安息国去洛阳二万五千里，北至康居。其香乃树皮胶，烧之通神明，辟众恶。——《香乘》，引自《汉书》

译：《西域传》里记载：安息国离洛阳有两万五千里的距离，北至康居。安息国出产的香料是树皮胶，焚烧这种香，可以通神明，驱除各种邪恶。——《香乘》，引自《汉书》

安息香树出波斯国，波斯呼为辟邪树。长二三丈，皮色黄黑，叶有四角，经冬不凋，二月开花黄色，花心微碧，不结实，刻其树皮，其胶如饴，名安息香，六七月坚凝乃取之。——《香乘》，引自《酉阳杂俎》

译：安息香树产自波斯国，波斯人叫它辟邪树。这种树高二三丈，树皮是黄黑色的，叶片有四个角，就算过一个冬天都不会凋零。每年二月会开黄色花朵，花蕊是淡淡的绿色，不结果子。把树皮割开，就会流出树胶，像黏乎乎的蜜糖，叫做安息香。到了六七月，等树胶坚硬凝固，就可以取香了。——《香乘》，引自《酉阳杂俎》

安息香出西域，树形类松柏，脂黄黑色，为块，新者柔韧。——《香乘》，引自《本草》

译：安息香出产于西域。这种树外型像松柏，树脂是黄黑色的块状，新采的安息香质地柔韧。——《香乘》，引自《本草》

三佛齐国安息香树脂，其形色类核桃瓤，不宜于烧而能发众香，人取以和香。——《香乘》，引自《一统志》

译：三佛齐国产出安息香树脂，它的形状和颜色很像核桃瓤，不适宜拿来焚香，但很适合诱发其他香料，人们通常用它来合香。——《香乘》，引自《一统志》

安息香树如苦楝，大而直，叶类羊桃而长，中心有脂作香。——《香乘》，引自《一统志》

译：安息香树的样子很像苦楝树，又高又直。树叶像羊桃叶子，长长的。树的中心会有树脂，可制成香品。——《香乘》，引自《一统志》

龙脑香

龙脑香即片脑。《金光明经》名羯婆罗香，膏名婆律香。——《香乘》，引自《本草》

译：龙脑香就是片脑，《金光明经》里也叫羯婆罗香，香膏叫做婆律香。——《香乘》，引自《本草》

西方抹（秣）罗短（矩）吒国在南印度境，有羯婆罗香树，松身异叶，花果斯别。初采既湿，尚未有香；木干之后，循理而析，其中有香，状如云母，色如冰雪，此所谓龙脑香也。——《香乘》，引自《大唐西域记》

译：西方的抹（秣）罗短（矩）吒国位于南印度境内，生长着羯婆罗香树。这种树的树身像松树，但叶子却不一样，花果也和松树不同。这种香木刚刚采下来是湿的，还没有香味，要等到木头干了以后，顺着木材的纹理剖开，才能发现木中有香，形状像云母，颜色像冰雪，这就是龙脑香。——《香乘》，引自《大唐西域记》

咸阳山有神农鞭药处。山上紫阳观有千年龙脑，叶圆而背白，无花实者，在木心中断其树，膏流出，作坎以承之，清香为诸香之祖。

龙脑香树出婆利国^①，婆利呼为"固不婆律"。亦出婆斯国^②，树高八九丈，大可六七围，叶圆而背白，无花实。其树有肥有瘦，瘦者有婆律膏香。亦曰瘦者出龙脑香，肥者出婆律膏也。在木心中断其树，劈取之，膏于树端流出，斫树作坎而承之。——《香乘》，引自《酉阳杂俎》

译：咸阳山有神农鞭药的传说。咸阳山中有座紫阳观，观内长着千年龙脑树。树叶是圆形，叶子的背面是白色的，没有花，也没有果实。如果从木心处砍断树木，就会流出香膏。凿出一个坑用以接这种香膏，会发现它香气清透，堪称众香之祖。

龙脑香树，出产于婆利国，婆利人称其为"固不婆律"，在婆斯国也有出产。树高八九丈，大的可有六七人合抱那么粗，树叶是圆形的，叶子的背面呈白色，没有花朵和果实。这种树有粗有细，比较细的树可以产婆律香膏，也有人说比较细的树产的是龙脑香，而比较粗的产波律香膏。这种香是生在树中心的，要砍断树，劈开树材，才会看到香膏从树端流出，在树上凿出坑，就可以接到这种香膏。——《香乘》，引自《酉阳杂俎》

渤泥、三佛齐国龙脑香乃深山穷谷中千年老杉，树枝干不损者。若损动则气泄无脑矣。其土人解为板，板傍裂缝，脑出缝中，劈而取之。大者成斤，谓之梅花脑，其次谓之速脑，脑之中又有金脚，其碎者谓之米脑，锯下杉屑与碎脑相杂者谓之苍脑。取脑已净，其杉板谓之脑木札，与锯屑同捣碎，和置磁盆中，以

①婆利国：古国名。今印度尼西亚加里曼丹岛，或巴厘岛。
②婆斯国：可能为罗婆斯国讹略，或今孟加拉湾东南方的尼科巴群岛。

香之书

笠覆之，封其缝，热灰煨逼，其气飞上凝结而成块，谓之熟脑，可作面花、耳环佩带等用。又有一种如油者谓之油脑，其气劲于脑，可浸诸香。——《香乘》，引自《香谱》

译：渤泥、三佛齐国的龙脑香，乃是出自深山中的那些千年老杉树，而且是树干没有受过损伤的。如果树干曾经受损，那么香气已经外泄就不会有龙脑香。当地人就会把这种树截为板材，板材上有裂缝，龙脑从裂缝中溢出，再劈开板材取出龙脑香。大的龙脑有的有一斤多，称之为梅花脑，比它差一些的是速脑，速脑里又有金脚，其中碎的称为米脑；锯下来的杉树碎屑会和碎脑混在一起，这种被称为苍脑。已经取完香脑的杉木板材，被称为脑木札。把脑木札和锯屑一同捣碎，混合放置在瓷盆里，上面用斗笠盖住再把缝隙封死，用热灰煨逼，烟气就会上升凝结成块，这种被称为熟脑，可以用来作面部装饰和耳环佩戴。还有一种像油的，称之为油脑，它的香气比龙脑更强劲，可以用来浸泡各种香。——《香乘》，引自《香谱》

干脂为香，清脂为膏，子主去内外障眼。又有苍龙脑，不可点眼，经火为熟龙脑。——《香乘》，引自《续博物志》

译：干结的树脂称之为香，液体的树脂称之为膏，可以治疗内外眼病。还有一种苍龙脑香，不能用来治疗眼病，用火烧过以后，就成了熟龙脑。——《香乘》，引自《续博物志》

龙脑是树根中干脂，婆律香是根下清脂，出婆律国，因以为名也。又曰：龙脑及膏香树形似杉木，脑形似白松脂，作杉木气。明静者善，久经风日，或如鸟遗者不佳。或云：子似豆蔻，皮有错甲，即松脂也。今江南有杉木末，经试或入土无脂，犹甘蕉之无实也。——《香乘》，引自《本草》

译：龙脑是树根中凝固的树脂，而婆律香是树根下液态的树脂，出产于婆律国（或即上文婆利国），按产地取名。还有人说，龙脑和膏香树都长得很像杉木，龙脑的形状像白松脂，有杉木的香味。其中透明干净的是上品，久经风吹日晒或者像鸟粪的就不怎么好。也有人说，龙脑树结子如同豆蔻，树皮上有错落甲纹的是松脂。现在江南地区就有杉木末，我试过将它放在土中，却没有生出香脂，就像甘蔗不会结果一样。——《香乘》，引自《本草》

龙脑是西海婆律国婆律树中脂也。状如白胶香，其龙脑油本出佛誓国，从树取之。——《香乘》，引自《本草》

译：龙脑是西海婆律国（或即上文婆利国）婆律树中的树脂，形状像白胶香。龙脑油本来出产于佛誓国（今印尼苏门答腊岛），也是从树木中取得的。——《香乘》，引自《本草》

片脑产暹罗诸国，惟佛打泥者为上。其树高大，叶如槐而小，皮理类沙柳，脑则其皮间凝液也。好生穷谷，岛夷以锯付铣就谷中，寸断而出，剥而采之，有大如指厚如二青钱者，香味清烈，莹洁可爱，谓之梅花片，鬻至中国，擅翔价焉。复有数种亦堪入药，乃其次者。——《香乘》，引自《华夷续考》

译：片脑香产自暹罗诸国，但只有佛打泥国（今泰国南部一带）出产的是上品。它的树很高大，叶子有点像槐树但比较小，树皮的纹理和沙柳有点像，片脑就是凝结在树皮中的脂液，这种树喜欢长在幽深的山谷中，当地岛民带着锯子去山谷里，把树干割出一寸左右的小口，剥开采出香料。其中比较大的有手指或两枚铜钱那么厚，香味清新浓烈，样子莹洁可爱，称为梅花片。贩运到中国可以擅自定很高的价钱，另外还有几种比较次等的香

品，也都可以入药。——《香乘》，引自《华夷续考》

渤泥片脑树如杉桧，取之者必斋沐而往。其成冰似梅花者为上，其次有金脚脑、速脑、米脑、苍脑、札聚脑，又一种如油，名脑油。——《香乘》，引自《一统志》

译：渤泥国的片脑香，其树的形状像杉桧，采香的人要斋戒沐浴之后才能去采集。其中结晶成冰体形状像梅花的，是上品，其次还有金脚脑、速脑、米脑、苍脑、札聚脑等，还有一种香是油状的，叫脑油。——《香乘》，引自《一统志》

龙脑（补遗）

龙脑树出东洋文莱国，生深山中，老而中空乃有脑。有脑则树无风自摇。入夜脑行而上，瑟瑟有声，出枝叶间承露，日则藏根柢间，了不可得，盖神物也。夷人俟夜，静持革索，就树底巩束，震撼自落。——《香乘》，引自《东西洋考》

译：龙脑树出产于东洋的文莱国，长在深山之中。树老了以后，中间成空壳，就开始有龙脑了。有龙脑的树，哪怕没有风吹，它自己也会摇摆。到了夜里，龙脑就会爬到树顶，发出瑟瑟的响声，从枝叶的缝隙里钻出来，承接露水，到了白天，龙脑就会隐藏在树根中间，轻易不能得到，所以被视作神物。当地人都是等到夜深的时候，静静地带着皮做的绳索，从树底下把树捆住，然后摇动它，这时龙脑会自然落下来。——《香乘》，引自《东西洋考》

麝香

麝香一名香麝、一名麝父。梵书谓之莫诃婆伽香。——《香乘》

译：麝香，也叫香麝，还有个名字叫麝父，梵书上称它为莫诃婆伽香。——《香乘》

麝生中台山谷及益州、雍州山中。春分取香，生者益良。陶弘景云："麝形似獐而小，黑色，常食柏叶，又啖蛇。其香正在阴茎前，皮内别有膜袋裹之，五月得香，往往有蛇皮骨。今人以蛇蜕皮裹香，云弥香，是相使也。"

麝夏月食蛇虫多，至寒则香满，入春脐内急痛，则以爪剔出着屎溺中覆之，常在一处不移，曾有遇得乃至一斗五升者，此香绝胜杀取者。昔人云是精溺凝结，殊不尔也。

今出羌夷者多真好，出随郡、义阳、晋溪诸蛮中者亚之；出益州者形扁，仍以皮膜裹之，多伪。凡真香一子分作三四子，刮取血膜，杂纳余物，裹以四足膝皮而货。货者又复伪之，彼人言："但破看一片，毛共在裹中者为胜。"今惟得真者看取，必当全真耳。——《香乘》，引自《本草》

译：麝生于中台山的山谷之中，益州、雍州山中也有。春分时节取香，生香最好。南朝梁时道人、大医家陶弘景说："麝外形像獐子，体形要更小些。通体黑色常常吃柏树叶子，也会吃蛇。麝香长在麝子生殖器前方的皮囊内，有一个膜袋包裹着。五月取到的麝香，里面经常有蛇皮蛇骨。现在人常用蛇蜕下来的皮包裹麝香，说这样会更香，这是蛇皮与麝香相互作用的结果。

麝在夏天吃很多蛇和虫子，到了天气最冷的时候，香就满了，到了开春，它肚脐内就会急剧疼痛，便会用爪子剔除香囊，再用排泄物盖住，香囊常常堆在一个地方不动。有人曾遇到过多达一斗五升的麝香堆在一处，这种香比杀死麝后所取的香更好。过去，人们说这种香是由麝的精液和尿液凝结而成的，其实不是。

如今，羌夷（泛指甘肃、青海、四川一带的少数民族）出产

香之书

的香大多是真正的佳品，随郡、义阳、晋溪等蛮夷之地出产的略差一些。而益州的香形状扁平，仍然用皮膜裹着，大多是伪造的。一般真正的整香会分成三四份，刮掉血膜，加入别的东西，用麝四肢的皮包裹起来卖。买来的人又再进行伪造。当地人说："打开一片香来看，如果皮毛都裹在中间，这就是上品。"今天只有真的香能看到这种情况，凡是这样的必然是完整的真香了。——《香乘》，引自《本草》

苏颂曰："今陕西、益州、河东诸路山中皆有，而秦州、文州诸蛮中尤多，蕲州、光州或时亦有。其香绝小，一子缠若弹丸往往是真，盖彼人不甚作伪耳。"——《香乘》，引自《本草》

译：苏颂说："如今陕西、益州、河东各地山中都会出产麝香，而秦州、文州等蛮夷居住之地尤其多。蕲州、光州等地偶尔也有，虽然出的香非常小，一枚香只有弹丸那么大，但往往是真货，因为那里的人不怎么造假。"——《香乘》，引自《本草》

香有三种。第一生者，名遗香，乃麝自剔出者，其香聚处，远近草木皆焦黄，此极难得。今人带真香过园中，瓜果皆不实，此其验也。其次脐香，乃捕得杀取者。又其次为心结香，麝被大兽捕逐，惊畏失亡狂走山巅坠崖谷而毙，人有得之，破心见血流出作块者是也。此香干燥不堪用。——《香乘》，引自《华夷草木考》

译：麝香分为三种。第一等的是生香，也叫遗香，是麝自己用爪子剔出来的，这种香堆积之处，附近的草木都会变得焦黄，这种香极其难得。今天若有人带着真正的麝香经过果园，连瓜果都不结果实，这是检验真香的方法。次一等的是脐香，是捕杀麝之后人工取出的香。再次一等的是心结香，这是麝被很大的猛兽追捕，惊慌恐惧中在悬崖上狂奔，坠落到崖谷死掉，人们拾到了麝的尸体，剖它的心，里面的血会凝结成香，但这种香比较干燥，不适合使用。——《香乘》，引自《华夷草木考》

稽康云："麝食柏故香。"麝黎香有二色：番香、蛮香。又杂以黎人撰作，官市动至数十计，何以责科取之？责所谓真，有三说：麝群行山中，自然有麝气，不见其形为真香。入春以脚剔入水泥中，藏之不使人见为真香。杀之取其脐，一麝一脐为真香。此余所目击也。——《香乘》，引自《香谱》

译：稽康说："麝吃柏树叶子，所以会结香。"麝香有两种，分为番香和蛮香。又夹杂着黎人伪造的，市场上动不动就有十多种，怎么能找出真的？鉴别真香，有三种说法：麝群在山中奔跑，自然会有麝香之气，不见其形就是真香；入春以后，麝用脚将香剔除藏在泥水之中，不让人看见的，是真香；杀死麝，取出它脐下的香囊，每只麝仅有一只香囊，这也是真香。这都是我亲眼所见。——《香乘》，引自《香谱》

商汝山中多麝遗粪，常在一处不移，人以是获之。其性绝爱其脐，为人逐急，即投岩举爪剔其香，就絷而死，犹拱四足保其脐。李商隐诗云："投岩麝自香。"——《香乘》，引自《谈苑》

译：商汝山中，有很多麝遗留的粪便。麝常在一个地方排便，不会换地方，因此人们能够抓到它。麝的本性是极其爱惜自己肚脐的，被人追得急了，就会投岩而死举起爪子剔除自己的香，死后还会拱着四条腿保护肚脐。李商隐诗云："投岩麝自香。"——《香乘》，引自《谈苑》

麝居山，獐居泽，以此为别。麝出西北者香结实，出东南者

谓之土麝，亦可入药，而力次之。南中灵猫囊，其气如麝，人以杂之。——《香乘》，引自《本草》

译：麝居住在山中，獐则居住在水边，以此可以分辨。出自西北地区的麝香质地结实，而出自东南地区的麝香被人们称为土麝，也可以入药，只是药力差一些。南中有一种灵猫囊，香气和麝香很像，人们会将它混杂在麝香之中。——《香乘》，引自《本草》

麝香不可近鼻，有白虫入脑患癫，久带其香透关，令人成异疾。——《香乘》，引自《本草》

译：麝香不能凑近用鼻子去闻，否则，会有一种白虫子钻到人的脑子里，使人患上癫病。长期佩带麝香，也会使人染上怪病。——《香乘》，引自《本草》

龙涎香

龙涎香屿，望之独峙南巫里洋之中，离苏门答剌西去一昼夜程。此屿浮滟海面，波激云腾。每至春间，群龙来集于上，交戏而遗涎沫；番人挈驾独木舟登此屿，采取而归。或遇风波，则人俱下海，一手附舟旁，一手揖水，而得至岸。

其龙涎初若脂胶，黑黄色，颇有鱼腥气，久则成大块。或大鱼腹中刺出，若斗大，亦觉鱼腥。和香焚之可爱。货于苏门答剌之市，官秤一两，用彼国金钱十二个，一斤该金钱一百九十二个，价亦匪轻矣。——《香乘》，引自《星槎揽胜》

译：龙涎香岛，可以看到它独自矗立在南巫里洋之中，距苏门答腊向西要一昼夜的行程。此岛漂浮在海面之上，风浪很大，云海翻腾。每到春天，就有群龙聚集在岛上，交相嬉戏之后留下吐沫。当地人就会驾着独木舟登上这座岛屿，把龙涎香采回来。有时，可能遇到风浪，人们就下到海中，一只手扶在船边，一只手划水靠近岛的岸边。

龙涎香最初像脂胶，是黑黄色的，有较重的鱼腥气，日子久了，就会结成大块。也有从大鱼肚子里剖出来的香，有斗笠那么大，闻上去也有鱼腥味。龙涎香调出来的香品，焚烧起来气息十分可爱。放在苏门答腊的市场上出售，官秤一两龙涎香，要用那个国家金币十二枚来交换，一斤龙涎香则需要该国金币一百九十二枚交换，这价格真不算低了。——《香乘》，引自《星槎揽胜》

锡兰山国、卜剌哇国、竹步国、木骨都束国、刺撒国、佐法儿（祖法儿）国、忽鲁谟斯国、溜山洋国，俱产龙涎香。——《香乘》，引自《星槎揽胜》

译：锡兰山国、卜剌哇国、竹步国、木骨都束国、刺撒国、佐法儿（祖法儿）国、忽鲁谟斯国、溜山洋国，都出产龙涎香。——《香乘》，引自《星槎揽胜》

诸香中，龙涎最贵重。广州市值每两不下百千，次等亦五六十千。系番中禁榷之物，出大食国近海旁，常有云气罩住山间，即知有龙睡其下。或半年、或二三年，土人更相守候视。云气散则知龙已去矣。往观之，必得龙涎。或五七两、或十余两。视所守之人多寡均给之，或不平更相仇杀。——《香乘》，引自《稗史汇编》

译：各种香品中，数龙涎香最为贵重。广州市面上，每两的价格不下百千文，差一点的也要价五六十千文。这是外国专卖的货物，产自大食国近海旁，海边常常云气蒸腾，罩住山间，由此可知有龙睡在下面。或半年，或两三年，当地人会轮流守候观测。如果云气散去，就知道龙已经离开了。当地人前往寻找，一定能得到龙涎香，或五七两，或十余两。依照守候观测的人数平均分配，倘若分配不公，则会引起仇杀。——《香乘》，引自《稗史汇编》

或云龙多蟠于洋中大石，龙时吐涎，亦有鱼聚而潜食之。土人惟见没处取焉。——《香乘》，引自《稗史汇编》

译：有人说，龙大多盘踞在海中的大礁石处，有时吐出唾沫，鱼就会聚在一起来吃。当地人就去鱼群出没的地方取香。——《香乘》，引自《稗史汇编》

大洋海中有涡旋处，龙在下涌出，其涎为太阳所烁，则成片，为风飘至岸，人则取之，纳于官府。——《香乘》，引自《稗史汇编》

译：大海之中，有旋涡出现的地方，龙就会出现在下面，它吐出的唾沫，会被太阳的光芒晒成一片一片，被海风吹到岸边。人们拾到此香，会将它交给官府。——《香乘》，引自《稗史汇编》

香白者，如百药煎，而腻理极细；黑者亚之，如五灵脂而光泽，其气近于燥。似浮石而轻，香本无损益，但能聚烟耳。和香而用真龙涎，焚之则翠烟浮空，结而不散。坐客可用一剪分烟缕，所以然者，入蜃气楼台之余烈也。——《香乘》，引自《稗史汇编》

译：白色的龙涎香，像百药煎，纹理极其滑腻细致；黑色的略次一等，像五灵脂而且富有光泽，但香气较燥。黑色的龙涎香像漂浮在海上的石头，比较轻，香本来没有损益，只是能聚烟罢了。合香时如果用的是真龙涎香，焚烧的时候就有翠绿色的烟浮在空中，凝结不散。坐在烟中的人可以拿一把剪子来分开烟缕，龙涎香之所以有这样的特性，是因为它有海市蜃楼的余韵。——《香乘》，引自《稗史汇编》

龙出没于海上，吐出涎沫有三品，一曰泛水，二曰渗沙，三曰鱼食。泛水轻浮水面，善水者伺龙出没，随而取之。渗沙，乃被波浪漂泊洲屿，凝积多年，风雨浸淫，气味尽渗于沙土中。鱼食，乃因龙吐涎，鱼竞食之，复作粪散于沙碛，其气虽有腥燥，而香尚存。惟泛水者入香最妙。——《香乘》，引自《稗史汇编》

译：龙出没于大海之上，吐出的唾沫有三种：第一种叫泛水，第二种叫渗沙，第三种叫鱼食。泛水是轻轻漂浮在水面上的，善于游泳的人会观测龙出没的规律，尾随就能得到。渗沙，是随着波浪漂浮到岛屿之上，多年凝结积累，被风雨所浸湿，香味都渗入到沙土里了。鱼食，是龙吐出来的唾沫被鱼群竞相争食，有的成为鱼的粪便排泄出来，散落于沙土之中，虽然带有腥臊之味，但香气还在。只有用泛水调制的香品才是最好的。——《香乘》，引自《稗史汇编》

泉广合香人云：龙涎入香，能收敛脑麝气，虽经数十年，香味仍存。——《香乘》，引自《稗史汇编》

译：泉州、广州等地制作合香的人说，将龙涎调入香料中，能聚敛龙脑、麝香的气味，历经数十年，香味仍然能留存。——《香乘》，引自《稗史汇编》

所谓龙涎出大食国，西海多龙，枕石而卧，涎沫浮水，积而

能坚。鲛人采之以为至宝。新者色白，稍久则紫，甚久则黑。——《香乘》，引自《岭外杂记》

译：所谓的龙涎香，产自大食国。西海有很多龙，它们会枕着礁石睡觉，所吐出的唾沫就漂在水上，日积月累变得坚硬。捕鱼者采到这种香，将其奉为至宝。新生的龙涎香是白色的，时间略久的是紫色的，时间更久的则是黑色的。——《香乘》，引自《岭外杂记》

岭南人有云："非龙涎也，乃雌雄交合，其精液浮水上，结而成之。"——《香乘》

译：岭南有人说："龙涎香不是龙的唾沫，而是雌龙和雄龙交配的时候，精液漂在水上所结成的香块。"——《香乘》

龙涎自番舶转入中国，炎经职方，初不着其用，彼贾胡殊自珍秘，价以香品高下分低昂。向南粤友人贻余少许，珍比木难，状如沙块，厥色青黎，厥香鳞腥，和香焚之，乃交酝其妙，袅烟蜒蜿，拥闭缇室，经时不散，旁置盂水，烟径投扑，其内斯神。龙之灵涎，沫之遗犹微异乃尔。——《香乘》

译：龙涎香是经外洋商舶贩运到中国来的，最初职掌香事的官员不知道怎么用。那些外国商人极为珍视它，以香品的高下来定价。居住在南粤的朋友曾经送给我少量龙涎香，比宝珠木难还要珍贵，形状像沙块，是青黑色的，带有鱼腥味儿，和其他香料调制在一起焚烧，交相酝酿出美妙的香味，香烟袅袅，蜒蜿而上，在封闭的密室之中，经久不散。在旁边置一盆水，烟就会扑向水面，好像其中有神。龙的唾沫，虽然很少到底还是不一般啊。——《香乘》

龙涎香（补遗）

海旁有花，若木芙蓉。花落海，大鱼吞之腹中。先食龙涎花，咽入，久即胀闷，昂头向石上吐沫，干枯可用，惟粪者不佳。若散碎，皆取自沙渗，力薄。欲辨真伪，投没水中，须臾突起，直浮水面。或取一钱口含之，微有腥气。经一宿，细沫已咽，余结胶舌上取出，就淖称之，亦重一钱。将淖者又干之，其重如故。虽极干枯，用银簪烧热钻入枯中，抽簪出，其涎引丝不绝。验此不分褐白褐黑，皆真。——《香乘》，引自《东西洋考》

译：海边有一种花长得像木芙蓉，这种花朵会掉进海里，被大鱼吞入腹中。先是吃了龙涎花咽下去，时间长了就会觉得胀闷，于是大鱼会仰头往礁石上吐唾沫。等唾沫干了以后，就可以用了，只有混在粪便中的不好。如果是散碎的，都是从沙里取出的，香力薄弱。如果想辨别真伪，把香料投入水中，立刻就会浮起来，直接浮到水面上。或者取一钱香料含入口中，会感觉到有微微的腥气，经过一个晚上，细沫已经咽下去，其余的香料结成胶黏在舌头上，取出来趁着湿润称一下，仍然有一钱重，等湿的香料干透了，还是一钱重。龙涎香虽然极其干枯，但如果把银簪子烧热，钻进干枯的香料中，再抽出簪子，就能拉出绵绵不断的细丝来。用这个方法检验，不管是白褐色的还是黑褐色的，都是真品。——《香乘》，引自《东西洋考》

八小香

降真香

降真香，一名紫藤香，一名鸡骨，与沉香同，亦因其形有如鸡骨者，为香名耳。俗传舶上来者为番降。

生南海山中及大秦国，其香似苏方木。烧之初不甚香，得诸香和之则特美。入药以番降紫而润者为良。

广东、广西、云南、安南、汉中、施州、永顺、保靖，及占城、暹罗、渤泥、琉球，诸番皆有之。——《香乘》，引自集《本草》

译：降真香，也叫紫藤香，还可以叫鸡骨香，和沉香一样，因为其形状像鸡骨，所以得名。世人将外洋商船上运来的降真香叫做番降香。

降真香生在南海的山中和大秦国，香气和苏方木很像。刚开始烧的时候不是特别香，但与各种香料调和之后，香气就变得特别美妙。若拿来做药用，则以番降香中紫且润的为上品。

广东、广西、云南、安南（今越南）、汉中（今陕西汉中市）、施州（今湖北恩施市）、永顺（今湖南永顺县）、保靖（今湖

南保靖县）等地，以及占城、暹罗、渤泥、琉球等地，都有降真香。——《香乘》，引自集《本草》

降真生聚林中，番人颇费坎斫之功。乃树心也，其外白皮，厚八九寸，或五六寸，焚之气劲而远。——《香乘》，引自《真腊记》

译：降真香长在茂密的树林里，当地人采伐它要费很大的功夫，才能取到香材。降真香在树心里，这种树的外皮是白色的，厚有八九寸或五六寸，焚烧的时候香气强劲且幽远。——《香乘》，引自《真腊记》

鸡骨香即降真香，本出海南。今溪峒僻处所出者，似是而非，劲瘦不甚香。——《香乘》，引自《溪蛮丛笑》

译：鸡骨香就是降真香，本出产于海南。如今溪峒偏僻之处也有出产，看上去和海南产的相似，其实不一样，这种香很硬又瘦小，也不怎么香。——《香乘》，引自《溪蛮丛笑》

主天行时气，宅舍怪异。并烧之，有验。——《香乘》，引自《海药本草》

译：降真香可以用来占卜，预测天行时气，住宅发生怪异的事，烧这种香比较灵验。——《香乘》，引自《海药本草》

伴和诸香，烧烟直上，感引鹤降。醮星辰，烧此香妙为第一，小儿佩之，能辟邪气；度录功德极验，降真之名以此。——《香乘》，引自《仙传》

译：降真香与各种香料混合，焚烧出来的香烟会笔直而上，感引仙鹤降临。如果要祭祀星辰，焚烧这种香最妙。小孩子戴这

香之书

种香，能辟除邪气。在道教中，接受秘箓功德的时候烧这种香也极为灵验，降真香的名字就是由此而来。——《香乘》，引自《仙传》

出三佛齐国者佳，其气劲而远，辟邪气。泉人每岁除，家无贫富，皆爇之如燔柴。虽在处有之，皆不及三佛齐国者，今有番降、广降、土降之别。——《香乘》，引自《真腊记》
译：三佛齐国出产的降真香最好，香气清劲而幽远，能辟除邪气。泉州人每到除夕之夜，不论家里有没有钱，都会像烧柴一样去焚烧降真香。但是各地出的降真香，都不如三佛齐国的好，如今的降真香，有番降、广降、土降的区别。——《香乘》，引自《真腊记》

苏合香

此香出苏合国，因以名之。梵书谓之咄鲁瑟剑。——《香乘》
译：苏合香，出自苏合国，因而得名。梵书称其为咄鲁瑟剑。——《香乘》

苏合香出中台山川谷。今从西域及昆仑来者，紫赤色，与紫真檀相似，坚实极芳香，性重如石，烧之灰白者好。——《香乘》，引自《本草》
译：苏合香出自中台山的山川河谷之中。如今，从西域和昆仑来的苏合香，是紫红色的，与真正的紫檀香类似，质地坚实，极为芳香，性状和重量像石头，焚烧后灰变成白色的就是佳品。——《香乘》，引自《本草》

广州虽有苏合香，但类苏木，无香气。药中只用有膏油者，极芳烈。大秦国人采得苏合香，先煎其汁以为香膏，乃卖其滓与诸国贾人，是以展转来达中国者，不大香也。然则广南货者，其经煎煮之余乎？今用如膏油者，乃合治成香耳。——《香乘》，引自《本草》

译：广州虽然有苏合香，但和苏木类似，并没有香气。药用苏合香只用带有膏油的那种，气味非常芳香浓烈。大秦国人采到苏合香以后，会先把它的汁水煎出来做成香膏，再把煎剩的渣滓卖给各国商人。所以，辗转卖到到中国来的苏合香都不太香。但是，广南贩运来的苏合香，也是煎剩下的渣滓吗？如今像膏油的这种，也是调制出来的合香而已。——《香乘》，引自《本草》

中天竺国出苏合香，是诸香汁煎成，非自然一物也。苏合油出安南、三佛齐诸番国。树生膏，可为香，以浓而无滓者为上。

大秦国，一名犁靬，以在海西，亦名云海西国。地方数千里，有四百余城。俗有类中国，故谓之大秦。人合香谓之香，煎其汁为苏合油，其滓为苏合油香。——《香乘》，引自《西域传》

译：天竺国出产的苏合香，是用各种香料的汁水煎成的，并不是自然的某一种香料。苏合油出自安南、三佛齐等国家。苏合香树生出的油膏，可以制成香料，以香气浓郁没有渣滓的为上品。

大秦国也叫犁靬，在大海以西，所以也称海西国。方圆数千里，有四百多座城池。那里的风俗和中国相似，所以也被称为大秦国。人们会把各种香料调在一起煎成香，煎出其中的汁水制成苏合油，煎剩下的渣滓就是苏合油香。——《香乘》，引自《西域传》

苏合香油，亦出大食国，气味类笃耨，以浓净无滓者为上。番人多以涂身，而闽中病大风者亦仿之。可合软香，及入药用。——《香乘》，引自《香录》

译：苏合香油，也产自大食国，香气类似于笃耨香，以浓郁纯净而且没有渣滓的为上品。当地人大多用这种香油来涂抹身体，而福建患麻风病的人也学这种方法治病。苏合香油还可以合成软香，而且可以入药。——《香乘》，引自《香录》

今之苏合香，赤色，如坚木；又有苏合油，如黐胶，人多用之。而刘梦得《传信方》言谓："苏合香多薄叶，子如金色，按之即止，放之即起，良久不定如虫动。气烈者佳。"——《香乘》，引自沈括《梦溪笔谈》

译：今天的苏合香是红色的，像坚硬的木头一样。还有苏合油像木胶一样，人们大多用的是这种。刘梦得在《传言方》上说："苏合香有很多薄薄的叶子，金色的果实，用手指将它按下去，一松手就会弹起来，如果反复这样做就会像虫子一样蠕动。香气浓烈的就是佳品。"——《香乘》，引自沈括《梦溪笔谈》

香本一树，建论互殊。其云类紫真檀，是树枝节；如膏油者，即树脂膏；苏合香、苏合油，一树两品。又云诸香汁煎成乃伪为者，如苏木，重如石婴，莫是山葡萄。至陶隐居云是狮子粪。《物理论》云是兽便。此大谬误。

苏合油白色，《本草》言："狮粪极臭，赤黑色。"又刘梦得言薄叶如金色者或即苏合香树之叶，抑番禺珍异不一，更品外奇者乎？——《香乘》

译：苏合香本出自一树，但各家论述互不相同。有人说像紫真檀的，是树的枝节；像膏油的，是树脂膏。苏合香与苏合油是一种树出产的两种香料。还有人说用各种香汁煎成的，是伪造出来的，长得像苏木又像石英那么重的其实是山葡萄。陶弘景说苏合香是狮子粪。《物理论》说苏合香是野兽的粪便。这都是大错特错了。

苏合油是白色的。《本草》上说："狮子粪极臭，是红黑色。"刘梦得还说叶子薄薄的是金色的可能就是苏合香树的叶子，也有可能外国的珍贵奇异之物各不相同，但还有比苏合香更奇特的吗？——《香乘》

零陵香

熏草，麻叶而方茎，赤花而黑实，气如靡芜，可以止疬。即零陵香。——《香乘》，引自《山海经》

译：薰草的叶子像麻叶，茎杆却是方的，花朵是红色的但果实是黑色的，香气像蘼芜，可以止住瘟疫，这就是零陵香。——《香乘》，引自《山海经》

东方君子之国熏草朝朝生香。——《香乘》，引自《博物志》

译：东方君子之国有薰草，天天都生发出香味。——《香乘》，引自《博物志》

零陵香，曰熏草、曰蕙草、曰香草、曰燕草、曰黄零草，皆别名也。生零陵山谷，今湖岭诸州皆有之，多生下湿地，常以七月中旬开花至香，古所谓熏草是也，或云蕙草亦此也。又云其茎叶谓之蕙，其根谓之熏，三月采脱节者良。

今岭南收之皆作窑灶，以火炭焙干，令黄色乃佳。江淮间亦有土生者，作香亦可用，但不及岭南者芬熏耳。古方但用熏草，

而不用零陵香，今合香家及面膏皆用之。——《香乘》

译：零陵香，又叫薰草、蕙草、香草、燕草、黄零草，这些都是它的别名。零陵香长在零陵（今湖南永州市）山谷中，现在的湖州、岭南等地都有，多生于地势比较低的湿地中，常在七月中旬开花，非常香，这就是古人所说的薰草。也有人说蕙草也是它。又有人说，这种草的茎叶叫蕙，根叫薰。三月份采摘脱去草节的蕙草，品质就很好。

今天岭南各地只要收集到零陵香，就会点起窑灶，用火炭烘烤让它变得干燥。烤到金黄色是最好的。江淮地区也有一些土生的零陵香，也可以做成香品使用，但是没有岭南出产的香气芬芳。古时候的配方中只用薰草，而不用零陵香，现在制作合香或制作面膏的人两种香都会用。——《香乘》

古者烧香草以降神故曰薰，曰蕙薰者，熏也；蕙者，和也。

《汉书》云"熏以香自烧"，是矣。或云古人袚除，以此草熏之，故谓之薰。《虞衡志》言："零陵即今之永州，不出此香。惟融宜等州甚多，土人以编席荐，性暖宜人。"

按零陵旧治在今全州。全乃湘之源，多生此香，今人呼为广零陵香者，乃真熏草也。若永州、道州、武冈州，皆零陵属地。今镇江、丹阳皆莳而刈之，以酒洒制货之，芬香更烈，谓之香草，与兰草同称零陵香，至枯干犹香，入药绝可用，为浸油饰发至佳。——《香乘》

译：古人焚烧香草祈求神明降临，因此叫做薰，说蕙薰是"熏"的意思，"蕙"是"和"的意思。

《汉书》上说"薰草为了释放香气而燃烧自己"，这是对的。也有人说古人为了辟邪祟，会熏焚这种香草，所以称之为薰。《虞衡志》上说："零陵就是现在的永州，并不出产这种香。只有融州、宜州等州有这种香草，当地人都会用它来编草席，这种席子用起来性暖宜人。"

零陵旧时的治所在今天的全州。全州是湘江的发源地，生长着很多这种香草。今天被人们称为零陵香的，是真正的薰草。像永州、道州、武冈州等地，都是零陵的属地。如今镇江、丹阳等地都会种这种草然后割下来，把酒洒在上面制成货物，让它的芳香之气更加浓烈，称之为香草，与兰草并称零陵香，就算干枯之后还是很香，可以入药，浸在油中养护头发非常好。——《香乘》

零陵香，江湘生处香闻十步。——《香乘》，引自《一统志》

译：零陵香，在长江和湘江边生长，香气能飘到十步以外。——《香乘》，引自《一统志》

藿香

《法华经》谓之多摩罗跋香。《楞严经》谓之兜娄婆香。《金光明经》谓之钵怛罗香。《涅槃经》谓之迦算香。——《香乘》

译：《法华经》称它为摩罗跋香，《楞严经》称它为兜娄婆香，《金光明经》称它为钵怛罗香，《涅槃经》称它为迦算香。——《香乘》

藿香出海辽国。形如都梁，可着衣服中。——《香乘》，引自《南州异物志》

译：藿香产于海辽国，外形像都梁香，可以用来熏衣服。——《香乘》，引自《南州异物志》

藿香，出交址、九真、武平、兴古诸国，民自种之。榛生，

五六月采，日晒干乃芬香。——《香乘》，引自《南方草本状》

译：藿香，出产于交趾、九真、武平、兴古等国和地区，当地人自己种植。藿香是丛生植物，一般五六月采摘，晒干之后气味芳香。——《香乘》，引自《南方草本状》

《吴时外国传》曰："都昆在扶南南三千余里，出藿香。"刘欣期言："藿香似苏合。"谓其香味相似也。顿逊国出藿香，插枝便生，叶如都梁。以裹衣。国有区拨等花十余种，冬夏不衰，日载数十车货之，其花燥更芬馥，亦末为粉，以傅身焉。——《香乘》，引自《华夷草木考》

译：《吴时外国传》里说："都昆在扶南国南面三千余里的地方，出产藿香。"晋人刘欣期说："藿香像苏合。"说二者香味很像。顿逊国出产藿香，插个枝条就能生长，叶子像都梁，可以用来熏衣服。该国还有区拨等十余种花，无论冬夏花开不败，每天能装数十车来卖。晒干的花香气更为芬芳馥郁，也可以磨成粉，用来涂在身上。——《香乘》，引自《华夷草木考》

芸香

《说文》云："芸，香草也，似苜蓿。"《尔雅翼》云："仲春之月，芸始生。"

《礼图》云："叶似雅蒿。"又谓之芸蒿，香美可食。

《淮南子》说："芸草，死可复生。采之着于衣书，可辟蠹。"

《老子》云"芸芸各归其根"者，盖物众多之谓。

沈括云："芸类豌豆，作丛生，其叶极芳香，秋复生，叶间微白如粉。"

郑玄曰："芸香草世人种之中庭。"——《香乘》

译：《说文解字》上说："芸是香草，像苜蓿。"《尔雅翼》上说："仲春之月，芸草开始生长。"

《礼图》上说："叶子像雅蒿。"又叫做芸蒿，芳香美妙，可以食用。

《淮南子》上说："芸草，枯死后还可以复生。采摘这种草放在衣服和书里，可以防蛀。"

《老子》上说"芸芸各归其根"，是指事物众多。

沈括说："芸草就像豌豆，通常聚集生长，叶子极芳香，秋天又再生长，叶子间微微泛白，像白粉一般。"

东汉经学家郑玄说："芸香草，人们一般把它种在中庭。"——《香乘》

茅香

茅香花苗叶可煮作浴汤，辟邪气，令人身香。生剑南道诸州，其茎叶黑褐色，花白，即非白茅香也。根如茅，但明洁而长，用同藁本①尤佳，仍入印香中合香附子用。——《香乘》，引自《证类本草》

译：茅香的花、苗和叶子都可以煮成沐浴的香汤，能辟邪，令人身体带香。茅香生长在剑南道各州，它的茎叶是黑褐色的，花朵是白色的，不是白茅香。它的根像茅草，但是比茅草明洁而且纤长，与藁本一同使用，尤其好，可做成印香用来调和香附子。——《香乘》，引自《证类本草》

---

①藁本：一种多年生草本植物，根和根状茎入中药，有散风寒、止痛等作用。

茅香凡有二，此是一种香茅也。其白茅香，别是南番一种香草。——《香乘》，引自《本草纲目》

译：茅香有两种，以上所说的是一种香茅。而白茅香，则是南番之地的另一种香草。——《香乘》，引自《本草纲目》

酴醾香露（蔷薇露）

酴醾，海国所产为胜。出大西洋国者，花如中州之牡丹，蛮中遇天气凄寒，零露凝结着地，草木乃冰澌木稼，殊无香韵，惟酴醾花上琼瑶晶莹，芳芬袭人，若甘露焉，夷女以泽体发，腻香经月不灭。国人贮以铅瓶，行贩他国，暹罗尤特爱重，竞买略不论值。随舶至广，价亦腾贵，大抵用资香奁之饰耳。五代时与猛火油俱充贡，谓蔷薇水云。——《香乘》，引自《华夷续考》

译：酴醾，海上国家出产的最好。大西洋国（明代史籍中指葡萄牙）的酴醾花，形状像中州（今河南省一带）的牡丹。荒蛮之地每逢天气寒冷，露水就会结成冰珠附在草木上，但都没有芳香的气韵。只有酴醾花上的冰露晶莹剔透，芳芬袭人，如同甘露一般。当地女子用这种香露来滋养身体发肤，醇厚的香气经月不散。大西洋国的商人会用铅瓶将香露存起来，运到其他国家去卖。暹罗国特别喜爱这种香露，用重金竞相购买，完全不计较价格。海外商船也会将此香运到广州，价格也很贵，大多被卖去作为闺房的梳妆之用。五代时，和猛火油（即石油）一起成为贡品，被称为蔷薇水。——《香乘》，引自《华夷续考》

西域蔷薇花气馨烈非常，故大食国蔷薇水虽贮琉璃瓶中，蜡蜜封固，其外犹香透彻闻数十余步，着人衣袂经数十日香气不散，外国造香则不能得蔷薇，第取素馨、茉莉花为之，亦足袭人鼻观，但视大食国真蔷薇水犹奴婢耳。——《香乘》，引自《稗史汇编》

译：西域蔷薇花的香气异常馨香浓烈，因此，大食国所出产的蔷薇水，虽然贮藏在琉璃瓶中，又用蜡蜜封住瓶口，但香气仍然在十几步之外都能闻到，香气附在人的衣角上可以几十天不散。其他国家想制作这种香水，但因为没有蔷薇，就用素馨花和茉莉花作代替，香气也浓烈到足以袭人口鼻，只是和大食国出产的真正蔷薇水比起来，只能算是奴婢罢了。——《香乘》，引自《稗史汇编》

蔷薇水即蔷薇花上露，花与中国蔷薇不同。土人多取其花浸水以代露，故伪者多，以琉璃瓶试之，翻摇数四，其泡周上下者真。三佛齐出者佳。——《香乘》，引自《一统志》

译：蔷薇水，就是蔷薇花上凝结的露水，与中国本地的蔷薇花不一样。当地人会把花拿来浸在水里代替蔷薇露，所以伪造的蔷薇水特别多。可以把蔷薇水装在琉璃瓶里摇几下，如果四周出现泡沫就是真的。三佛齐国出产的蔷薇水是最好的。——《香乘》，引自《一统志》

番商云："蔷薇露一名'大食水'，本土人每晓起，以爪甲于花上取露一滴，置耳轮中，则口眼耳鼻皆有香气，终日不散。"——《香乘》

译：西洋客商说："蔷薇露也叫大食水，本地人每天早上起床后，就用指甲在花上取一滴露水，搽在耳轮里面，口眼耳鼻就都会带有香气，终日不散。"——《香乘》

豆蔻香

豆蔻树大如李。二月花仍连着实，子相连累，其核根芬芳成壳，七八月熟，曝干剥食核，味辛香。——《香乘》，引自《南方草木状》

译：豆蔻树的大小如同李树。每年二月开花，花上连着果实，豆蔻子累累相连，果核与根都有芬芳的气味，豆蔻果实是壳状的，到七八月份果实成熟，晒干后剥食果核，味道辛香。——《香乘》，引自《南方草木状》

豆蔻生交趾，其根似姜而大，核如石榴，辛且香。——《香乘》，引自《异物志》

译：豆蔻生在交趾国，根像姜那么大，果核像石榴，味道辛烈有香气。——《香乘》，引自《异物志》

十异香

象藏香

南方有鬻香长者，善别诸香，能知一切香王所出之处。有香名曰象藏，因龙斗生，若烧一丸，即起大香云，众生嗅者诸病不相侵害。——《香乘》，引自《华严经》

译：南方有一位卖香料的老人家，善于鉴识各种香料，知道各种极品香料的产地。有一种名叫象藏的香，是龙缠斗的时候产生的。如果焚烧一丸这种香，就会升起大片的香云，众人如果能闻到这种香气，就能避开各种疾病的侵扰。——《香乘》，引自《华严经》

又云：若烧一丸，兴大光明，细云覆上，味如甘露，七昼夜降其甘雨。——《香乘》，引自《释氏会要》

译：又有人说，如果焚烧一丸象藏香，就能兴起大光明，细腻的香云覆盖在上面，香味如同甘露之灵，而且会降下七天七夜甘甜的雨水。——《香乘》，引自《释氏会要》

无胜香

海中有无胜香。若以涂鼓及诸螺贝，其声发时，一切敌军皆自退散。——《香乘》，引自《华严经》

译：大海里有一种无胜香，如果用它涂抹战鼓和各种螺号，这些战鼓螺号发出声音的时候，能让一切敌军自己退散。——《香乘》，引自《华严经》

牛头旃檀香

从离垢出。若以涂身，火不能烧。——《香乘》，引自《华严经》

译：牛头旃檀香是从离垢地（佛教中菩萨修行五十二阶位中十地位之第二位）中产出的，拿它涂在身上，火就不能烧伤身体。——《香乘》，引自《华严经》

荼芜香

燕昭王二年，波弋国贡荼芜香，焚之，着衣则弥月不绝，浸地则土石皆香，着朽木腐草莫不茂蔚。以熏枯骨，则肌肉立生。时广延国贡二舞女，帝以荼芜香屑铺地四五寸，使舞女立其上，弥日无迹。——《香乘》，引自《王子年拾遗记》

译：战国时燕昭王二年，波弋国进贡荼芜香。焚烧此香时，香气会沾染在衣服上，经月不散，沾染在地面上，泥土和石头都会带有香味，沾染在枯树腐草上，则植物都重新变得茂盛葱郁，用这种香来熏枯骨，立刻就会长出肌肉来。当时，广延国进贡了两名舞女，昭王就在地上铺了四五寸厚的茶荒香屑。舞女站在上面跳了一整天，都没有留下任何痕迹。——《香乘》，引自《王子年拾遗记》

天仙椒

虏苏割刺在答鲁之右大泽中，高百寻，然无草木，石皆赭色。山产椒，椒大如弹丸，然之香彻数里。每然椒，则有鸟自云际蹁跹而下，五色辉映，名赭尔鸟，盖凤凰种也。昔汉武帝遣将军赵破奴逐匈奴，得其椒，不能解。诏问东方朔，朔曰："此天仙椒也。塞外千里有之，能致凤。"武帝植之太液池。至元帝时，椒生，果有异鸟翔集。——《香乘》，引自《敦煌新录》

译：虏苏割刺山位于答鲁右面的大湖之中，高达百寻，却不长任何草木。山上的石头都是红褐色的。山上出产一种椒，像弹丸那么大，但香气却能飘到数里之外。每次点燃此椒，就会有鸟从云端蹁跹而下。这种鸟有五色羽毛，辉煌美丽，名叫赭尔鸟，是凤凰的同类。曾经，汉武帝差遣将军赵破奴逐击匈奴，得到过这种椒，不认识是什么，就下诏去问东方朔。东方朔说："这是天仙椒，塞外千里之地有这种椒，能招来凤凰。"汉武帝就把它种在太液池里，到了汉元帝时，天仙椒长出了果实，果然有神异之鸟飞来聚在这里。——《香乘》，引自《敦煌新录》

神精香

光和元年波岐国献神精香，一名荃蘼草，亦名春芜草。一根而百条，其枝间如竹节柔软，其皮如丝可为布，所谓"春芜布"，又名"白香荃"。布坚密如冰纨也，握之一片，满宫皆香，妇人带

之，弥年芬馥也。——《香乘》，引自《鸡跖集》

译：光和元年，波岐国进献神精香，也叫荃蘼草，又叫春芜草。这种香，一根上会长出上百个枝条，枝条上的间隔像竹节一样柔软，外皮像丝绸一样可以做成布，就是所谓的春芜布，也叫白香荃布。这种布坚硬密实如同冰布，拿一片握在手中，整个皇宫都充满香气。妇人会把这种布带在身上，就算过去一年仍然芬芳馥郁。——《香乘》，引自《鸡跖集》

辟寒香

丹丹国所出，汉武帝时入贡。每至大寒，于室焚之，暖气翕然自外而入，人皆减衣。——《香乘》，引自《述异记》

译：辟寒香是丹丹国出产的，汉武帝时进献至汉地。每到大寒时节，只要在室内焚烧辟寒香，暖气就慢慢从外面进入房间，人们全都开始脱掉厚重的衣物。——《香乘》，引自《述异记》

李少君奇香

帝事仙灵惟谨，甲帐前置玲珑十宝紫金之炉，李少君取彩蜃之血，丹虹之涎，灵龟之膏，阿紫之丹，捣幅罗香草，和成奇香。每帝至坛前，辄烧一颗，烟绕梁栋间，久之不散。其形渐如水纹，顷之，蛟龙鱼鳖百怪出没其间，仰视股栗。又然灵音之烛，众乐迭奏于火光中，不知何术。幅罗香草，出贾超山。——《香乘》，引自《奚囊橘柚》

译：汉武帝事奉神灵都非常恭敬谨慎，会在甲帐前放玲珑十宝紫金炉。李少君曾选取彩蜃（大蛤）的血液、丹虹的唾沫、灵龟的油膏、阿紫的内丹，再捣制幅罗香草，调合制成一种奇香。

汉武帝每次来到坛前，就烧一颗这种香，香烟就会环绕在梁柱间，很久不散。烟的形状渐渐如同水纹，顷刻之间，就会看到蛟龙鱼鳖，各种千奇百怪的生物出没在烟里，仰视此景，令人双腿颤抖。还会点燃一种灵音之烛，会有各种音乐不断地在火光中奏响，不知是什么法术。幅罗香草，出产于贾超山。——《香乘》，引自《奚囊橘柚》

如香草

如香草出繁缋，妇女佩之则香闻数里，男子佩之则臭。海上有奇丈夫拾得此香，嫌其臭弃之。有女子拾去，其人迹之香甚，欲夺之，女子疾走，其人逐之不及，乃止。故语曰：欲知女子强，转臭得成香。《吕氏春秋》云"海上有逐臭之夫"，疑即此事。——《香乘》，引自《奚囊橘柚》

译：如香草产在繁缋山。妇女佩带这种香草，香气可以远播到数里之外，但男子若佩带，就发出臭味。海上曾有一位奇男子，捡到这种香草，嫌它臭就扔掉了。然后被一名女子捡到，有男子跟随着这名女子，觉得她走过的路都非常香，就想抢走香草，女子快速地跑掉了，男子追不上只好放弃。所以说："要知道女子有多强，可以把臭的变成香的。"《吕氏春秋》中说"海上有逐臭之夫"，很可能说的就是这件事。——《香乘》，引自《奚囊橘柚》

苔香

太和初改葬窥基法师，初开冢香气袭人，侧卧台上，形如生。砖上苔厚二寸余，作金色。气如旃檀。——《香乘》，引自《酉阳杂俎》

　　　　　　　　　　　　　　　　香之书

译：唐文宗太和初年，改葬窥基法师。打开坟墓时，香气袭人。只见法师侧卧在墓台之上，样貌就像活人一般。台子上长者两寸多厚的苔藓，是金色的，气味宛如旃檀。——《香乘》，引自《酉阳杂俎》

十奇香

闻香倒挂鸟

爪哇国有倒挂鸟，形如雀而羽五色。日间焚好香则收而藏之羽翼，夜间则张翼尾而倒挂以放香。——《香乘》，引自《星槎胜览》

译：瓜哇国有一种倒挂鸟，外形像雀一样，羽毛有五种颜色。白天如果焚熏上好的香料，这种鸟就会把香气藏在羽翼里，到了夜里，它就会张开翼尾，倒挂起来，释放白天收藏的香气。——《香乘》，引自《星槎胜览》

越王鸟粪香

越王鸟，状似鸢，口勾末，可受二升许。南人以为酒器，珍于文螺。此鸟不践地，不饮江湖，不啄百草，不饵虫鱼，惟啖木叶，粪似熏陆香，南人遇之，既以为香，又治杂疮。——《香乘》，引自《登罗山疏》

译：有一种越王鸟，外形像鸢，鸟喙末端带勾，可以承受两升多的重量。南方人喜欢用它的嘴来做酒器，比文螺还要珍贵。这种鸟脚不沾地，也不喝江湖里的水，不吃百草，不吃虫鱼，只吃树上的叶子。它的粪如同熏陆香，南方居民如果得到这种粪便，就会将它拿来作香料，还能治各种杂疮。——《香乘》，引自《登罗山疏》

香猫

契丹国产香猫，似土豹，粪溺皆香如麝。——《香乘》，引自《西使记》

译：契丹国出产一种猫，样子像土豹，粪和尿都很香，如同麝香。——《香乘》，引自《西使记》

香鼠

中州产香鼠，身小而极香。香鼠至小，仅如擘指大。穴于柱中，行地上，疾如激箭。——《香乘》，引自《桂海虞衡志》

译：中州出产香鼠，体型很小却极香。最小的香鼠只有人的大拇指那么大。它在柱子里筑穴，在地上跑的时候快得像射出去的箭。——《香乘》，引自《桂海虞衡志》

蜜县间出香鼠，阴干为末，合香甚妙。乡人捕得售制香者。——《香乘》，引自《蜜县志》

译：蜜县偶尔会出现香鼠，将它阴干后磨成粉末，用来制作合香最妙。乡下人一旦捕捉到了这种香鼠，就会卖给那些制香的人。——《香乘》，引自《蜜县志》

汗香

贵妃每有汗出，红腻而多香，或拭之于巾帕之上，其色如桃花。——《香乘》，引自《杨妃外传》

译：杨贵妃每次出汗，不但颜色红腻还有浓郁的香气，如果用巾帕擦拭，汗渍就会印在手帕上，颜色很美，如同一朵朵盛开的桃花。——《香乘》，引自《杨妃外传》

名香杂茶

宋初团茶，多用名香杂之，蒸以成饼。至大观、宣和间，始制三色芽茶，漕臣郑可间制银丝冰芽，始不用香，名为胜雪，此茶品之精绝也。——《香乘》，引自《五杂俎》

译：宋朝初年的小茶饼，通常都掺杂名贵的香料，蒸制成茶饼。到了大观、宣和年间，开始制作三色芽茶，漕臣郑可简创制银丝冰芽，才开始不在茶饼中加香科，这种茶饼名叫"胜雪"，是茶中精妙的极品。——《香乘》，引自《五杂俎》

香葱

天门上有葱，奇异辛香，所种畦陇悉成行，人拔取者悉绝。若请神而求，即不拔自出。——《香乘》，引自《春秋元命苞》

译：天门山上有一种葱，气味奇异辛香。把它种植在田里会自己排成行，路过的人若来拔取，它就会消失，如果向神灵祈求，它就自然又长出来了。——《香乘》，引自《春秋元命苞》

香盐

天竺有水，其名恒源，一号新陶。水特甘香，下有石盐，状如石英，白如水精，味过香卤，万国毕仰。——《香乘》，引自《南州异物志》

译：天竺国有一条河，名叫恒源，又叫新陶。水质特别甘甜有香味，水下长有一种石盐，形状像石英，颜色纯白如同水晶，味道比香卤还要醇厚，各国都很仰慕这种香盐。——《香乘》，引自《南州异物志》

香酱

十二香酱，以沉香等油煎成，服之。——《香乘》，引自《神仙食经》

译：十二香酱，是用沉香等香油煎制而成的酱，可以拿来吃。——《香乘》，引自《神仙食经》

丁香竹汤

荆南判官刘彧，弃官游秦陇闽粤，箧中藏大竹十余颖，每有客至，斫取少许煎饮，其辛香如鸡舌。人叩其名，曰："谓之丁香竹，非中国所产也。"——《香乘》，引自《清异录》

译：荆南有位判官刘彧，曾经放弃官位，游历秦陇闽粤等地。他背着的竹箱里收藏着十几株大竹，每次有客人来拜访他，他就砍下一小片大竹来煎水喝，其辛香之气如同鸡舌香一样。客人问这个竹子叫什么名字，刘彧就回答说："这是丁香竹，不是中原的产物。"——《香乘》，引自《清异录》

用香

香具与香器

在读过了对香料与香方的介绍之后，焚香中必不可少的另一个存在"香器具"，就是我们现在要谈论的重点。

"香器具"就是香事用具，包括香具与香器，这是两个不同的概念。香具是指用香时所需要的器具，而香器则是指制香时所需要的器具。在香器中，又可分为用香时所需的工具——即香盘、香盒、香瓶、香护、香匙、香夹、香箸等，及用香时所需的炉器——即香炉，这里所说的是广义上的香炉。

香器最重要的就是香炉了，根据现在的考古发现，早在春秋战国时期，就已经出现了制作精美而且体量比较大的博山香炉，香炉的材质有青铜也有陶土。到了两汉时期，随着张骞出使西域和丝绸之路的开拓，大量西域香料涌入，更加促进了香文化的发展，香文化经过六朝和隋唐时期的不断发展，到两宋时期达到巅峰水平，一直延续至元、明、清时期。

"工欲善其事，必先利其器"，除了在香料的品级上需要精挑细选，香方的配比上需要反复研究，香炉的设计也是种类繁多，极尽巧工的，因为各种香料香品散发香气的方式不同，主要有燃烧、熏炙、自然挥发等几种形式。使用的香料不同，对应的香炉也不尽相同，比如龙脑一类的树脂性香品需要放在炭火上隔火熏炙；香粉、线香、盘香可进行燃烧，香丸、香饼等可以燃烧也可以隔火熏炙。燃烧和熏炙需要香炉的配合，而对于蒸馏调和而成的香水香油，只需令其自然挥发，各式各样的香花香草和调制而成的香粉，则被人们装入香囊之中，随身携带。

焚香还是最主要的用香方式，因此香炉在古代是家家必备的，提到香炉，就不能不提到宋朝。有人说，宋朝可以说是中国古代科学技术最辉煌的时期，两宋时期的制瓷业极为繁盛，器具种类纷繁，造型丰富，色彩纷呈，各类瓷器名扬海外，令全世界都叹为观止，瓷质香炉的数量大大超越唐代。著名的汝官哥钧定五大官窑都出产过大量香炉。

香炉有封闭式和开放式两个大类，封闭式的称为"熏炉"，造型通常有动物、植物、景物，常用的动物有狻猊，它是龙之九子的第五子，很像狮子，喜欢坐着也喜欢烟雾，因此古人经常把它雕刻在熏炉的盖子上。还有就是水鸭和鸳鸯型的香炉，芝加哥美术馆藏的一件北宋景德镇窑青白釉香鸭，就是鸭型香炉中的一件精品，宋朝诗词中也经常提到这种形状的香炉，比如陆游的《乌夜啼》："金鸭余香尚暖，绿窗斜日偏明。"秦观在《木兰花》中写到"红袖时笼金鸭暖"，说的就是用鸭型熏炉熏衣的事。

鸟凤型香炉也是宋朝常见的题材，宋徽宗在《宣和宫词》中就写过："凤口金炉缕叶华，高低曲折势交加。"

除了动物题材，其实植物风景题材更为常见，比如大名鼎鼎的博山炉，汉代开始人们就使用做工精巧的博山炉焚香，但基本限于皇室和王公贵族。到了宋代，博山炉已经很常见了，而且造型也做了相应的简化，从现有的熏炉实物来看，宋代的博山炉大多是陶瓷材质的，炉盖雕有群山，但宋朝的审美崇尚简约素雅，所以仙山的造型大多被简化，去掉了仙人、珍禽、异兽等复杂的造型，取而代之的是简洁和几何化的山的线条。

两宋时期有一种球体的小巧香炉，被宋人称作"香毬"。一般由银等金属制成，外壳为缕空的花鸟，可以打开。里面有几个轴心线相互垂直的圆环，圆环大小相互嵌套，支撑着一个盛装香料的小香碗。香毬在转动的过程中能够始终保持平衡，里面的香料不会洒落出来，所以人们喜欢随身携带它，或者放在床帐里，放在被子里使用也十分方便。《西京杂记》中所说的"卧榻香炉"就指此物。

除了封闭式的，开口式的香炉也很多，有莲花型、高足型、鱼耳型、三足型，奁式等等，最有名的自然是宣德炉了。它是由明宣宗亲自参与设计监制的铜香炉，除黄铜外还加入金银及各式珠宝，经过十二炼，因此质地细腻，色泽暗哑丰富。它的造型选自《宣和博古图》《考古图》等经典典籍，并且结合了内府秘藏的数百件宋元名家作品，由明宣宗亲自过目筛选后铸造。"宣德炉"可谓极尽设计、材料和技术的巅峰之作，即使利用现在的冶炼技术也难以复刻。

除此以外，还有各种长柄手炉、鹊尾炉、香斗、仿博山炉等众多品类的香炉。

到了元明清时期，更开始流行使用成套的香具，有名的"炉瓶三事"就是那个时期盛行的，它指的是香炉、香盒、香瓶三件器物，香盒用来储藏香品，香瓶用来放置香箸、香护、香匙等香事工具。

《香乘》中也记载了很多古书中的香炉样式，也谈到许多香囊、香炭、香烛、香范的用法，不一而足，更有甚者奢侈到直接用香料来造整座亭子，我们将其一并选择收录在本章里，从这里也可一窥古时的用香之盛了。

宫室用香

柏梁台

汉武帝作柏梁台，以柏为梁，香闻数里。——《香乘》，引自《邵国志》

译：汉武帝时，曾建造柏梁台，用柏木做梁，香气能飘到数里之外。——《香乘》，引自《邵国志》

桂柱

武帝时，昆明池中有灵波殿七间，皆以桂为柱，风来自香。——《香乘》，引自《洞冥记》

译：汉武帝时，昆明池中建有灵波殿七间，都用桂花木做柱子，每当清风吹过，就满室生香。——《香乘》，引自《洞冥记》

温室

温室以椒涂壁，被之文绣，香桂为柱，设火齐屏风，鸿羽

帐，规地以罽宾氍毹。——《香乘》，引自《西京杂记》

译：温室中曾用花椒泥来涂墙，再用精美的丝绣盖在墙上，用香桂做柱子，再设熠熠生辉的珠宝屏风，鸿雁羽毛做的帐子，地上则铺着产自罽宾的地毯。——《香乘》，引自《西京杂记》

宫殿皆香

西域有报达国，其国俗富庶，为西域冠。宫殿皆以沉檀、乌木、降真为之。四壁皆饰以黑白玉，金珠珍贝，不可胜计。——《香乘》，引自《西使记》

译：西域有个国家叫报达国（今巴格达），这个国家风俗豪奢，是西域各国之首。这个国家的宫殿全部用沉檀、乌木、降真建成，四面墙上都装饰着黑白玉、金珠、珍贝等宝物，多得数不清。——《香乘》，引自《西使记》

大殿用沉檀香贴遍

隋开皇十五年，黔州刺史田宗显造大殿一十三间，以沉香贴遍，中安十三宝帐，并以金宝庄严，又东西二殿瑞像所居，并用檀贴，中有宝帐花炬，并用真金所成，穷极宏丽，天下第一。——《香乘》，引自《三宝感通录》

译：隋朝开皇十五年，黔州刺史田宗显建造大殿一十三间，用沉香贴满大殿。中间设有十三座宝帐，全用黄金珠宝打造。又因为东西两殿是供奉佛像的地方，所以全部用檀木来贴墙，其中点缀的宝帐花烛，都用真金制成，极尽宏伟壮丽，堪称天下第一。——《香乘》，引自《三宝感通录》

香涂粉壁

秦王俊盛治宫室，穷极侈丽。又为水殿，香涂粉壁，玉砌金阶，梁柱楣栋之间，周以明镜，间以宝珠，极荣饰之矣。每与宾客妓女弦歌于其上。——《香乘》，引自《隋书》

译：隋文帝第三子秦王俊大肆修造宫室，极尽奢侈华丽。还建了一座水殿，用香粉涂墙，用玉、黄金做台阶，在梁柱之间都挂起明镜，中间点缀珠宝，装修得极其荣华。秦王俊常常与宾客和妓女在水殿上奏曲唱歌。——《香乘》，引自《隋书》

四香阁

杨国忠用沉香为阁，檀香为栏，以麝香、乳香筛土和为泥饰壁。每于春时，木芍药盛开之际，聚宾友于此阁上赏花焉。禁中沉香亭，远不侔此壮丽也。——《香乘》，引自《天宝遗事》

译：杨国忠用沉香修造楼阁，用檀香制凭栏，用麝香和乳香再加上筛细的土一起混成香泥涂墙壁。每到春天，木芍药花盛开的季节，杨国忠都要宴请宾客亲友在四香阁聚会赏花。宫中的沉香亭，远远不如杨家的四香阁壮丽。——《香乘》，引自《天宝遗事》

含熏阁

王元宝起高楼，以银镂三棱屏风代篱落，密置香槽，香自花镂中出，号含熏阁。——《香乘》，引自《清异录》

译：王元宝建起一座高楼，用银子镂空做成三棱屏风来代替

篱笆，屏风中设有香槽，香气从镂空的花朵中飘出，号称含熏阁。——《香乘》，引自《清异录》

芸辉堂

元载末年，造芸辉堂于私第。芸辉，香草名也，出于阗国。其香洁白如玉，入土不朽烂，舂之为屑，以涂其壁，故号芸辉焉。而更构沉檀为梁栋，饰金银为户牖。——《香乘》，引自《杜阳杂编》

译：唐代名臣元载晚年在私宅里造了一座芸辉堂。芸辉，是一种香草的名字，出产于阗国。这种香草洁白如玉，入土也不会朽烂。将芸辉草研成粉屑，拿来涂抹堂壁，所以宅子叫芸辉堂。芸辉堂还用沉香和檀木做成梁柱，用金银做成门窗。——《香乘》，引自《杜阳杂编》

礼佛寺香壁

天方，古筠冲地，一名天堂国，内有礼佛寺，遍寺墙壁皆蔷薇露，龙涎香和水为之，馨香不绝。——《香乘》，引自《方舆胜览》

译：天方，古筠冲地，还有个名字叫天堂国，那里有座礼佛寺，这座寺庙的墙壁都是蔷薇露和龙涎香和成的香水涂抹而成，因此馨香之气绵绵不绝。——《香乘》，引自《方舆胜览》

三清台焚香

王审知之孙昶袭为闽王，起三清台三层，以黄金铸像，日焚

龙脑、熏陆诸香数斤。——《香乘》，引自《五代史》

译：五代时，王审知的孙子王昶袭封为闽王，他修造了一座三层高的三清台，台上用黄金铸成神像，每天焚熏龙脑和熏陆等香达数斤之多。——《香乘》，引自《五代史》

沉香暖阁

沉香连三暖阁，窗隔皆镂花，其下替板亦然。下用抽替，打篆香在内则，气芬郁，终日不散。前后皆施锦绣，帘后挂屏，皆官窑，妆饰侈靡，举世未有，后归之福邸。——《香乘》，引自《云烟过眼录》

译：用沉香来连接三间暖阁，窗子与隔断上都有镂空的花纹，下面替板也一样。在窗下有抽屉，把篆香打在抽屉里，香气芬芳馥郁终日不散。暖阁前后都挂着锦绣帘子，帘后挂着屏风，都出自官窑。装饰侈靡，举世罕见。这座沉香暖阁，后来归入福邸。——《香乘》，引自《云烟过眼录》

香具

沉香降真钵木香匙

后唐福庆公主下降孟知祥。长兴四年明宗晏驾，唐裔避乱，庄宗诸儿削发为苾刍，间道走蜀。时知祥新称帝，为公主厚待犹子，赐予千计。敕器用局以沉香降真为钵，木香为匙箸锡之。常食堂展钵，众僧私相谓曰："我辈谓渠顶相衣服均是金轮王孙，但面前四奇寒具有无不等耳。"——《香乘》，引自《清异录》

译：后唐庄宗的长女福庆公主，下嫁给孟知祥。长兴四年，明宗晏驾之后，唐室后裔为了躲避祸乱，庄宗的儿子们都削发为僧，抄小路逃去蜀地。当时孟知祥称帝，因为福庆公主的缘故厚待庄宗的儿子，把他们当成自己的孩子赐了数千种宝物，并敕令用沉香和降真香做成碗，将木香制成筷子、勺子，并在上面镀锡。庄宗的儿子们就常在食堂展示这些钵，众僧侣私下议论："我们常说他们的衣服，都是金轮王孙穿的。眼前各种奇异的器具，有没有真不一样啊。"——《香乘》，引自《清异录》

杯香

关关赠俞本明以青华酒杯，酌酒辄有异香，或桂花、或梅、或兰，视之宛然，取之若影，酒干不见矣。——《香乘》，引自《清赏录》

译：关关曾赠送给俞本明青华酒杯，把酒倒进这个杯子里，就会闻到奇异的香味，香味或如桂花，或如梅花，或如兰花，看杯里的花朵，也像真花一样，但用手去取就如幻影一样，把酒喝干之后，花就不见了。——《香乘》，引自《清赏录》

藤实杯香

藤实杯出西域，味如豆蔻，香美消酒，国人宝之，不传于中土。张骞入宛得之。——《香乘》，引自《炙毂子》

译：藤实杯出产于西域，香味像豆蔻，不但香还能解酒。当地人把这个杯子视为宝物，不肯传到中原来。后来张骞出使大宛（古代中亚国名），得到了藤实杯。——《香乘》，引自《炙毂子》

香奁

孙仲奇妹临终授书云：镜与粉盘与郎，香奁与若，欲其行身如明镜，纯如粉，誉如香。——《香乘》，引自《太平御览》

译：孙仲奇的妹妹临终时在遗书中写道："我把镜子与粉盒送予郎君，香奁也送给你。希望你行事为人如同明镜，纯洁如同白粉，声誉如香一般美好。"——《香乘》，引自《太平御览》

韩偓《香奁序》云：咀五色之灵芝，香生九窍；饮三危之瑞

露，美动七情。古诗云开奁集香苏。——《香乘》

译：韩偓在《香奁序》中说："咀嚼五色灵芝，香生九窍；饮用三危（古代西边山名）瑞露，美动七情。"古诗说开奁集香苏。——《香乘》

香如意

僧继颛住五台山。手执香如意，紫檀镂成，芬馨满室，名为握君。——《香乘》，引自《清异录》

译：僧人继颛居住在五台山上。他手上拿的香如意，是用紫檀镂刻而成，香气芬芳充满房屋，被称为"握君"。——《香乘》，引自《清异录》

名香礼笔

郄诜射策第一，拜笔为龙须友，云："犹当令子孙以名香礼之。"——《香乘》，引自《龙须志》

译：郄诜考试应试得了第一名，因此拜所用之笔为龙须友，说："应当让子孙用名香来礼敬它。"——《香乘》，引自《龙须志》

香璧

蜀人景焕志尚静隐，卜筑玉垒山下，茅堂花圃足以自娱。常得墨材，甚精，止造五十团，曰："以此终身。"墨印文曰香璧，阴篆曰墨副子。——《香乘》

译：蜀人景焕向往宁静的隐居生活，就在玉垒山下造宅子，茅屋花圃，就足够自娱自乐。他曾得到十分精致的墨材，只用它

制了五十团墨。景焕说:"这些墨可伴我终身。"墨上印有"香
璧"二字,阴篆为"墨副子"。——《香乘》

龙香剂

元宗御案墨曰龙香剂。——《香乘》,引自《陶家瓶余事》

译:元宗御案上的墨,叫做"龙香剂"。——《香乘》,引自
《陶家瓶余事》

墨用香

制墨香用甘松、藿香、零陵香、白檀、丁香、龙脑、麝
香。——《香乘》,引自李孝美《墨谱》

译:制墨之香,要用甘松、藿香、零陵香、白檀、丁香、龙
脑、麝香。——《香乘》,引自李孝美《墨谱》

香皮纸

广管罗州多栈香树,其叶如橘皮,堪作纸,名为香皮纸,灰
白色有纹,如鱼子笺。——《香乘》,引自刘恂《岭表异录》

译:广管罗州(今广东廉江)有许多栈香树,叶子像橘皮,
可以用来造纸,名为香皮纸,这种纸是灰白色的,上面有花纹,
像鱼子笺。——《香乘》,引自刘恂《岭表异录》

白玉香囊

元先生赠韦丹尚书绞绡缕白玉香囊。——《香乘》,引自《松

窗杂录》

译：元先生赠给韦丹尚书用绞绡裹在镂空的白玉上制成的香囊。——《香乘》，引自《松窗杂录》

紫罗香囊

谢遏年少时好佩紫罗香囊垂里，子叔父安石患之，而不欲伤其意，乃谲与赌棋，赌得烧之。——《香乘》，引自《小名录》

译：东晋谢遏年少的时候，喜欢佩带紫罗香囊。他的叔父谢安石讨厌他这样做，但又不想伤他的自尊，就和他下棋作赌注，谢安石赢了，然后把香囊烧掉了。——《香乘》，引自《小名录》

连蝉锦香囊

武公崇爱妾步非烟，贻赵象连蝉锦香囊。附诗云："无力妍妆倚绣栊，暗题蝉锦思难穷，近来赢得伤春病，柳弱花欹怯晓风。"——《香乘》，引自《非烟传》

译：武公崇的爱妾步非烟，曾将一个连蝉锦香囊送给赵象，还附有一首诗："无力妍妆倚绣栊，暗题蝉锦思难穷，近来赢得伤春病，柳弱花欹怯晓风。"——《香乘》，引自《非烟传》

绣香袋

腊日赐银合子、驻颜膏、牙香筹、绣香袋。——《香乘》，引自《韩偓集》

译：腊日，赐送银盒子、驻颜膏、牙香筹、绣香袋。——《香乘》，引自《韩偓集》

香缨

《诗》"亲结其缡"。注曰：香缨也，女将嫁，母结缡而戒之。——《香乘》，引自《诗经》

译：《诗经》里说"亲结其缡"。注解说：缡就是香缨，女子出嫁的时候，她的母亲就会将五彩丝绳和佩巾系在她身上，以示对她的训诲。——《香乘》，引自《诗经》

玉盒香膏

章台柳以轻素结玉盒，实以香膏，投韩君平。——《香乘》，引自《柳氏传》

译：章台柳氏用薄薄的绸子系着玉盒，盒里装着香膏，投给韩君平。——《香乘》，引自《柳氏传》

香兽

香兽，以涂金为狻猊、麒麟、凫鸭之状，空中以燃香，使烟自口出，以为玩好，复有雕木埏土为之者。——《香乘》，引自《老学庵笔记》

译：香兽一般是鎏金的，制成狻猊、麒麟、水鸭的形状，中间是空的可以用来燃香，香烟会从香兽口中吐出来，以此为趣，也有用木雕或陶土制成的。——《香乘》，引自《老学庵笔记》

故都紫宸殿有二金狻猊，盖香兽也。晏公《冬宴诗》云："狻猊对立香烟度，鸑鹭交飞组绣明。"——《香乘》，引自《老学庵

笔记》

译：故都紫宸殿有两个金狻猊，大概是香兽。北宋词人晏殊《冬宴诗》写到："狻猊对立香烟度，鸂鶒交飞组绣明。"——《香乘》，引自《老学庵笔记》

香炭

杨国忠家以炭屑用蜜捏塑成双凤，至冬月燃炉，乃先以白檀香末铺于炉底，余炭不能参杂也。——《香乘》，引自《天宝遗事》

译：杨国忠家曾用蜂蜜调和炭屑，捏塑成两只凤凰的形状。到了冬月生炉子，就先把白檀香末铺在炉子底下，这样其他的炭就不会掺杂进来了。——《香乘》，引自《天宝遗事》

香蜡烛

公主始有疾，召术士米賨为灯法，乃以香蜡烛遗之。米氏之邻人觉香气异常，或诣门诘其故，賨具以事对。其烛方二寸，上被五色文，卷而爇之，竟夕不尽，郁烈之气可闻于百步。余烟出其上，即成楼阁台殿之状。或云蜡中有蜃脂故也。——《香乘》，引自《杜阳杂编》

译：公主刚得病的时候，曾召术士米賨用灯施法，并赐给他香蜡烛。米术士的邻居觉得香气很奇异，便登门问他原因，他就把这件事详细地告诉了邻居。这个香蜡烛有二寸见方，上面覆盖着五色纹饰，卷起来点燃，整夜都不会熄灭。香气芬芳浓烈在百步之外都可以闻到。余烟袅袅飘在蜡烛上方，立刻化为楼阁台殿的形状。有人说是因为蜡烛里掺了蜃油。——《香乘》，引自《杜秦桧当国，四方馈遗日至。方滋德帅广东，为蜡炬，以众香实其中，遣驶卒持诣相府，厚遗主藏吏，期必达，吏使俟命。一日宴客，吏曰："烛尽，适广东方经略送烛一奁，未敢启。"乃取而用之。俄而异香满座，察之则自烛中出也，亟命藏其余枚，数之适得四十九。呼驶问故，则曰：经略专造此烛供献，仅五十条，既成恐不佳，试其一，不敢以他烛充数。秦大喜，以为奉己之专也，待方益厚。——《香乘》，引自《群谈采余》

译：秦桧当权的时候，各地送给他的礼物每天都有。当时方滋德管辖广东，造了蜡烛，把各种香料填在蜡烛里，派人专门捧着这包蜡烛前往相府拜谒，并给主管礼物的官吏送了厚礼，希望他一定要把蜡烛送到秦桧面前，官吏让他等消息。一天，秦桧宴客，他就禀报说："蜡烛用完了，刚好广东的方经略送了一盒蜡烛，还没敢开启。"秦桧就叫人拿来用。没一会，奇异的香气充满了坐席间，然后大家发现香气是从蜡烛里发出的。于是秦桧下令好好收藏剩下的蜡烛，数了一下刚好是四十九支。问送蜡烛的使者为什么，他说："方经略专门造了这种蜡烛献给您，只造了五十条，担心效果不好，就点了一支试试，不敢用其他的蜡烛来充数。"秦桧大喜，因为这是为供奉自己专门制造的，从此特别厚待方滋德。——《香乘》，引自《群谈采余》

宋宣政宫中用龙涎沉脑和蜡为烛，两行列数百枝，艳明而香溢，钧天所无也。

桦桃皮可为烛而香，唐人所谓朝天桦烛香是也。——《香乘》，引自《闻见录》

译：宋朝政和、宣和年间，宫中用龙涎、沉香、龙脑与蜡混合，制成香烛，点燃排成两行共数百支，烛火明艳，芳香四溢。就算在天上也没有这种排场。

桦桃皮可以做成有香气的蜡烛，唐代人所谓"朝天桦烛香"，说的就是它。——《香乘》，引自《闻见录》

香灯

《援神契》曰：古者祭祀有燔燎，至汉武帝祀太乙始用香灯。

译：《援神契》里说："古人祭祀用烧柴祭天，到了汉武帝祭祀太乙时，才开始使用香灯。"

香器

香盛

盛，即盒也。其所盛之物与炉等，以不生涩枯燥者皆可，仍不用生铜之器，易腥溃。——《香乘》

译：香盛，就是盒子。其中所盛放的东西和香炉差不多，只要是不生枯燥之气的都可以。这种器皿不能用生铜来做，会有腥溃之气。——《香乘》

香盘

用深中者，以沸汤泻中，令其蓊郁，然后置炉其上，使香易着物。——《香乘》

译：用中间比较深的盘子，把沸腾的热水倒在里面，让它变得温热，然后把香炉放在上面，这样香气就容易附在物体上。——《香乘》

香匕

平灰置火，则必用圆者取香，抄末，则必用锐者。——《香乘》

译：用于平灰或者埋炭置火，必须选用圆形的匕子来取香。用来刮香料粉末，则必须选用尖锐的匕子。——《香乘》

香箸

和香取香，总直用箸。——《香乘》

译：调香和取香，都要用比较直的筷子。——《香乘》

香壶

或范金，或埏土为之，用藏匕箸。——《香乘》

译：香壶或用金属浇铸，或用陶土烧制而成，用来收藏香匕、香箸。——《香乘》

香罂

窨香用之，深中而掩土。——《香乘》

译：香罂用于窨藏香品，中间比较深，便于埋在土里。——《香乘》

香范

镂木以为之，以范香尘，为篆文，燃于饮席或佛像前。往往有至二三尺者。

右《颜史》所载。当时尚，自若国朝，宣炉、敞盒、匕箸等器，精妙绝伦，惜不令云龛居士赏之。

古人茶用香料，印作龙凤团。香炉，制狻猊、凫鸭形，以口出香。古今去取，若此之不侔也。——《香乘》

译：用木材雕刻，可以规范香粉的形状，可以做成香篆，在宴席或佛像前燃烧。往往直径有二三尺长。

以上是颜氏《香史》的记载。当时还是上古，到现在的朝代，所用宣德炉、敞盒、矮箸等器物，精妙绝伦，可惜不能被云龛居士赏鉴了。

古人会在茶中加香料，制成龙凤团茶。又把香炉制成狻猊、水鸭等形状，使香气从兽口中溢出。古今对器具的取舍都是这样，但也各不相同。——《香乘》

炉之名

炉之名始见于《周礼》："家宰之属，宫人寝中共炉炭。"——《香乘》

译：香炉，最早见于《周礼·天官》："太宰办公的地方，宫人寝室之中供有炉炭。"——《香乘》

博山香炉

汉朝故事，诸王出阁则赐博山香炉。——《香乘》

译：汉朝旧例，诸王出阁，会赐博山香炉。——《香乘》

《武帝内传》有博山香炉，西王母遗帝者。——《香乘》，引

自《晋东宫旧事》

译：《汉武帝内传》中记载有博山香炉，是西王母赠送给武帝的。——《香乘》，引自《晋东宫旧事》

皇太子服用则有铜博山香炉。——《香乘》，引自《晋东宫旧事》

译：皇太子的器用中，有一种铜博山香炉。——《香乘》，引自《晋东宫旧事》

泰元二十二年，皇太子纳妃王氏，有银涂博山连盘三升香炉二。——《香乘》，引自《晋东宫旧事》

译：泰元二十二年，皇太子纳王氏为妃，赏赐有银涂博山连盘三升、香炉两尊。——《香乘》，引自《晋东宫旧事》

炉象海中博山，下有盘贮汤，使润气蒸香，以象海之回环。此器世多有之，形制大小不一。——《香乘》，引自《考古图》

译：香炉的形状像海中博山，下面有盘用来贮汤，可以湿润空气，散发香味，犹如海中云气回环。这种香炉世上有很多，它们的形制和大小都不一样。——《香乘》，引自《考古图》

古器款识必有取义，炉盖如山，香从盖出，宛山腾岚气，绕足盘环，以呈山海象。——《香乘》，引自《考古图》

译：古器的款识，必有取义，炉盖如山，当香炉中飘出袅袅香烟，宛如群山终年盘绕着云雾，呈现出群山大海的气象。——《香乘》，引自《考古图》

绿玉博山炉

孙总监千金市绿玉一块，嵯峨如山，命工治之，作博山炉，顶上暗出香烟，名不二山。——《香乘》

译：孙总监花千金买到一块绿玉，参差巍峨如山。他命令工匠将这块玉做成博山炉，炉顶上可以暗暗吐出香烟，取名为不二山。——《香乘》

九层博山炉

长安巧工丁缓制九层博山香炉，镂为奇禽怪兽，穷诸灵异。皆自然运动。——《香乘》，引自《西京杂记》

译：长安的巧工丁缓，曾制造出九层博山香炉，其中镂空雕成各种奇禽怪兽，穷尽了各种灵异的形态，它们都会随着香炉自然动起来。——《香乘》，引自《西京杂记》

被中香炉

丁缓作卧褥香炉，一名被中香。炉本出防风，其法后绝，至缓始更为之。为机环转运四周，而炉体常平可置于被褥，故以为名。即今之香球也。——《香乘》，引自《西京杂记》

译：长安的巧工丁缓制作了一种卧褥香炉，也叫被中炉。这种香炉本来出自防风国，后来制作方法失传了。到了丁缓的时候，才重新制造出来。炉中设有机环可以四面转动，而炉体会一直保持水平，可以放在被子里面，因此得名。其实就是现在用的香球。——《香乘》，引自《西京杂记》

熏炉

尚书郎入直台中,给女侍史二人,皆选端正,指使从直,女侍史执香炉熏香,以从入台中给使护衣。——《香乘》,引自《汉官仪》

译:尚书郎入值尚书台时,赐给他两个女侍史,选的都是仪态端正之人,让她们跟随值使。女侍史们手执香炉,熏出香烟,会跟随尚书郎入台中,为其护衣。——《香乘》,引自《汉官仪》

鹊尾香炉

《法苑珠林》云,香炉有柄可执者曰鹊尾炉。——《香乘》

译:《法苑珠林》中说,香炉有柄可以用手拿住的,称为鹊尾炉。——《香乘》

吴兴费崇先,少信佛法,每听经,常以鹊尾香炉置膝前。——《香乘》,引自王琰《冥祥记》

译:吴兴人费崇先,少年时信奉佛法,每次听经时,都会把鹊尾香炉放在膝前。——《香乘》,引自王琰《冥祥记》

麒麟炉

晋仪礼大朝会节,镇官阶以金镀九天麒麟大炉。唐薛能诗云"兽坐金床吐碧烟"是也。——《香乘》

译:晋代仪礼规定,每逢大型朝会,都要用读经的九天麒麟大炉用来镇服官道台阶。这也就是唐代薛能诗中说的"兽坐金床

吐碧烟"。——《香乘》

天降瑞炉

贞阳观有天降炉，自天而下，高三尺，下一盘，盘内出莲花一枝，十二叶，每叶隐出十二属。盖上有一仙人，带远游冠，披紫霞衣，仪容端美，左手支颐，右手垂膝，坐一小石。石上有花竹流水松桧之状，雕刻奇古，非人所能，且多神异。南平王取去复归，名曰瑞炉。——《香乘》，引自《遵生八笺》

译：贞阳观里有一尊天降炉，是从天而降的，高三尺，炉下有一个盘子，盘子里长出一枝莲花，有十二片叶子，每片叶子中隐隐出现十二生肖的样子。炉盖上有一位仙人，头戴远游冠，身披紫霞衣，仪态和容貌都很俊美，左手托腮，右手垂膝，坐在一块小石头上，石头上有花、竹、流水、松、桧的形状。这个香炉雕刻奇特古朴，不是人力所能做成的，而且还有很多神异之处。南平王曾取走后来又归还，它也叫瑞炉。——《香乘》，引自《遵生八笺》

金银铜香炉

御物三十种，有纯金香炉一枚，下盘自副，贵人公主有纯银香炉四枚，皇太子有纯银香炉四枚，西园贵人铜香炉三十枚。——《香乘》，引自《魏武上杂物疏》

译：御用之物共三十种，其中有纯金香炉一枚，下面自带托盘。贵人、公主有纯银香炉四枚，皇太子有纯银香炉四枚，西园贵人有铜香炉三十枚。——《香乘》，引自《魏武上杂物疏》

香炉堕地

侯景篡位，景床东边香炉无故堕地。景呼东西南北皆谓为厢。景曰，此东厢香炉郍忽下地。议者以为湘东军下之征。——《香乘》，引自《梁书》

译：侯景篡位，他床东边的香炉无缘无故地掉在地上。侯景提到东西南北时都称之为"厢"。侯景就问这东厢的香炉怎么忽然掉下来了。就有人议论说，这是湘东的军队来讨伐的征兆。——《香乘》，引自《梁书》

凿镂香炉

石虎冬月为复帐，四角安纯金银凿镂香炉。——《香乘》，引自《邺中记》

译：后赵执政大臣石虎在冬月使用复帐（一种华丽的帐子），帐子的四角会安上纯金银凿的镂雕香炉。——《香乘》，引自《邺中记》

凫藻炉

冯小怜有足炉曰辟邪，手炉曰凫藻，冬天顷刻不离，皆以其饰得名。——《香乘》，引自《琅嬛记》

译：冯小怜有一个脚炉名叫辟邪，手炉名叫凫藻，冬天这两个香炉片刻都不离身，两个香炉都因其装饰而得名。——《香乘》，引自《琅嬛记》

瓦香炉

衡山芝冈有石室中有古人住处，有刀锯铜铫及瓦香炉。——《香乘》，引自《傅先生南岳记》

译：衡山芝冈有一座石头房子，其中有古人居住的地方，里面有刀锯、铜铫及瓦香炉等物。——《香乘》，引自《傅先生南岳记》

祠坐置香炉

香炉四时祠，坐侧皆置也。——《香乘》，引自《祭法》

译：香炉在四季祠堂中，都是坐侧经常置放的东西。——《香乘》，引自《祭法》

迎婚用香炉

婚迎，车前用铜香炉二。——《香乘》，引自徐爰《家仪》

译：婚礼时迎接新娘子的车前面，都要用两尊铜香炉。——《香乘》，引自徐爰《家仪》

熏笼

太子纳妃，有薰衣笼。当亦秦汉之制也。——《香乘》，引自《东宫旧事》

译：太子纳妃的时候，会置办熏衣的香笼，这应当是秦汉时的制度。——《香乘》，引自《东宫旧事》

箑香炉

吴郡吴泰能箑。会稽卢氏失博山香炉，使泰箑之。泰曰："此物质虽为金，其象实山，有树非林，有孔非泉，阊阖风至，时发青烟，乃香炉也。"语其主处，求即得之矣。——《香乘》，引自《集异记》

译：吴郡吴泰会占卜。会稽卢氏丢了一个博山香炉，吴泰占卜以后告诉它："你丢的这个东西虽是金属的，实际上呈现出来的是山的形象，有树但不成林，有孔但没有泉，西风吹来时会发出青烟，应该是一个香炉。"吴泰说出了香炉在什么地方，卢氏前去寻找果然找回了香炉。——《香乘》，引自《集异记》

贪得铜炉

何尚之奏庾仲文贪贿，得嫁女具铜炉，四人举乃胜。——《香乘》，引自《南史》

译：何尚之奏报庾仲文贪污受贿，有人说他嫁女儿的时候准备的铜炉要四个人才能举起来。——《香乘》，引自《南史》

焚香之器

李后主居长秋，周氏居柔仪殿，有主香宫女，其焚香之器曰：把子莲、三云凤、折腰狮子、小三神、卍字金、凤口罂、玉太古、容华鼎，凡数十种，金玉为之。——《香乘》

译：李后主住在长秋宫，皇后周氏住在柔仪殿。有专门主持香事的宫女，她们焚香所用的器具有把子莲、三云凤、折腰狮

子、小三神、卍字金、凤口罂、玉太古、容华鼎等数十种，都是用金玉制成的。——《香乘》

聚香鼎

成都市中有聚香鼎，以数炉焚香环于外，则烟皆聚其中。——《香乘》，引自《清波杂志》

译：成都的市集之中有聚香鼎，好几个香炉一起焚香，环绕在它外面，然后香烟一起聚入中间的香鼎。——《香乘》，引自《清波杂志》

百宝香炉

洛州昭成佛寺有安乐公主造百宝香炉，高三尺。——《香乘》，引自《朝野金载》

译：洛州昭成佛寺中，有安乐公主所造的百宝香炉，高达三尺。——《香乘》，引自《朝野金载》

迦业香炉

钱镇州诗虽未脱五代余韵，然回旋读之，故自娓娓可观。题者多云宝子弗知何物。以余考之，乃迦业之香炉，上有金华，华内乃有金台，即台为宝子，则知宝子乃香炉耳。亦可为此诗张本，但若圜重规，岂汉丁缓之制乎。——《香乘》，引自《跋钱镇州回文后》

译：钱镇州的诗虽然没有脱掉五代的余韵，但是反复读几遍，也自有娓娓可观之处。在诗旁题注的人大多说，不知道宝子是什么东西。据我考证，宝子应该是迦业香炉，上面有金华，华内有金台，台就是宝子，则可以知道宝子就是香炉。或可以此为依据，但看图它的样子像重重的圆形，哪里是汉代丁缓所制作的东西呢？——《香乘》，引自《跋钱镇州回文后》

金炉口喷香烟

贞元中，崔炜坠一巨穴，有大白蛇负至一室，室有锦绣帏帐，帐前金炉，炉上有蛟龙鸾凤龟蛇孔雀，皆张口喷出香烟，芳芬蓊郁。——《香乘》，引自《太平广记》

译：贞元年间，崔炜掉进一个巨大的洞穴中，洞里有条大白蛇，驮着他来到一个房间里。房间内有锦绣帏帐，帐前有金炉，炉上有蛟龙、鸾凤、龟蛇、孔雀，都张着嘴喷出香烟，烟气芳芬蓊郁。——《香乘》，引自《太平广记》

龙文鼎

宋高宗幸张俊，其所进御物，有龙文鼎、商彝、高足、商文彝等物。——《香乘》

译：宋高宗宠幸张俊，当时张俊进贡给皇上的御用之物有龙文鼎、商彝（青铜礼器）、高足、商文彝等物。——《香乘》

香炉峰

庐山有香炉峰，李太白诗云："日昭香炉生紫烟。"来鹏诗云："云起炉峰一炷烟。"——《香乘》

译：庐山有香炉峰，李太白为香炉峰写诗："日照香炉生紫烟。"来鹏写诗："云起香烟炷州。"——《香乘》

香鼎

张受益藏两耳彝炉，下连方座，四周皆作双牛。文藻并起，朱绿交错，花叶森然。

按：此制非名彝，当是敦也，又小鼎一，内有款曰※且❀，文藻甚佳，其色青褐。——《香乘》

译：张受益收藏一个两耳彝炉，香炉下面连着方座，四周都有双牛图案，上面有精美的文藻，红绿花纹交错，而且花叶森然。

按：依这个炉子的形制，不应当叫彝炉，应当叫敦炉。还有一尊小鼎，鼎内有"※"、"❀"等款纹，文理藻饰都很精美，是青褐色的。——《香乘》

赵松雪有方铜炉，四脚两耳，饕餮面回文，内有东宫二字，款色正黑。此鼎博古图所无也。又圆铜鼎一，文藻极佳，内有款云：瞿父癸鼎蛟脚。

又金丝商嵌小鼎，元贾氏物，纹极细。

季雁山见一炉，幕上有十二孔，应时出香。——《香乘》，引自《云烟过眼录》

译：赵松雪有一尊方铜炉，四脚及两耳上都有饕餮面部形状的回纹，里面有东宫二字，是纯黑色的。这尊鼎在博古图中没有见过。还有一尊圆铜鼎，纹理藻饰极佳，里面有款题写着"瞿父癸鼎蛟脚"。

还有金丝商嵌小鼎，元代贾氏的东西，纹理非常细腻。

季雁山见过一尊香炉，炉幕上有十二个孔，可以按时辰吐香烟。——《香乘》，引自《云烟过眼录》

制香

合香的艺术

卢梭曾说，嗅觉是记忆与欲望的感觉。

如果说历史是用文字书写的记忆，那么香料就是用嗅觉的载体来书写历史，从六千年前的燎祭开始，人们就发现有些木头带着奇异的香味，能够唤醒神圣或美好的感觉，于是，开始孜孜不倦地去寻找这世间最美的香气，寻找世间最顶级的嗅觉体验。

香就这样走进了人们的生活，走进庙堂，也走进民间，成为历史不可分割的部分。人们在漫长的用香历史中，逐渐精通香料，懂得把香料的美妙发挥到极致，因此摸索出许多经典的香方，让各种香料在反复调试的最佳配比中产生奇妙的化学反应，制造出自然界里本不存在香味，就像用单独的音节来谱写交响曲。在漫长的岁月里，也逐渐发展出一整套成熟的制香礼仪，它们应该用在哪些场合中，哪些器具中，如何炮制，如何使用，都有严格的要求。

香料通常要经过初制，比如浸泡，或者九蒸九晒，以便除去香料中杂质或有毒物质，然后经过初制的香料有些会被研磨成粉末，有些会被制作成溶液，在粉末或溶液的基础上，它们会再被制作成各种香品。我们常见的香品有盘香、线香、倒流香等等，这几种香因只需要用明火点燃就可以焚烧，因此是最居家最常见的香品。

但是在传统的香道中，其实更常见的制香方式是打篆和制香丸，我们先来说打篆。打篆是一项精细活，是用一个有篆字的模具，轻轻放在香灰上，然后把香末填进去，再拿开模具，留下一个漂亮的图形，就可以点燃了，香篆有各种图案：祥云、心字、寿字等等，非常精致可爱，就像纳兰性德在《梦江南》词中写的："急雪乍翻香阁絮，轻风吹到胆瓶梅，心字已成灰。"这里的

"心字"就是打成心字型的香篆，词中巧妙地用到了一语双关。香篆不止是好看，它还有计时的功能，我们常在明清小说里读到"一炷香的时间"，这是用线香计时。有的香篆因为用的香末更多，花纹更加繁复，因此可以做更长的计时，有的烧完刚好是一个时辰，有的甚至可以烧一夜，每烧到一个节点，就代表过去了一个时辰，这种计时方法，既风雅又有趣。

　　制香丸，则通常是把香末调和上好的炼蜜，揉成一颗小小的丸子，经过适当的窖藏之后就可以用了，香丸可以直接焚烧，如果不喜欢香烟的话，还可以在香灰深处埋一块炭，炭上放一块薄薄的银片或云母片，把香丸放上去隔火加热，让它缓缓地释放香气，或者干脆可以把香丸放进镂空的金属小香囊里，当做香袋来用，这种用法可以让香丸的香气保留几个月之久。还有一种香丸，更有趣，也是我很喜欢的，就是香珠手串，在《孙功甫廉访木犀香珠》里就写到过这种手串的做法，他将新鲜桂花碾磨成泥，然后反复阴干，中间用竹签穿孔，这种香珠不是实心的，它比普通的香丸更加密实，中间可以穿线，当手串来带，香味可以保存数年不消失。

　　当然，香的用法远不止这些，古人可以说把香的种类、用法推演到了极致，我粗略统计了一下，起码有以下这些：香水、香露、焚香、熏衣、清道引路、挂香、香囊、香身、香茶、香酒、香膳、念珠、面霜、彩妆、洗浴、暖手、计时、助情、治病、建筑、家居用品、敬神礼佛、节日祭祖、国家庆典等等，可以说，香贯穿了所有的衣食住行，成为日常生活不可缺少的部分。

　　不同的用途要配合不同的香方，我们对古文化的认识大多源于诗词歌赋，但读过香方，你更会赞叹古人的品位，单是香方的名字，就引人入胜，比如"雪中春信""鹅梨帐中香""李主帐中香"……

我专门托一位精通香道的朋友，帮我还原了一些香方的气味，香丸小巧可爱，每一颗约有黄豆大小，我还特意去买了一个小巧的银香囊，把这些香丸带在身上。雪中春信，是我选的第一种，《香乘》中记载，它是用檀香、栈香、丁香皮、樟脑、麝香、杉木炭和炼蜜制成的，它的香味是暖融融的，好像一团被晒过的蓬松的被子，闻之令人全身松弛，让人变得懒洋洋的，想象一下当冬天来临，大雪封城的时候，熏一颗这样的小香丸，就像施一个魔法，仿佛立刻从冰雪中召唤出一室的春意。

　　而"鹅梨帐中香"大概算得上是香方中最有名的，它的名气要拜这几年火遍全国的电视剧所赐，在《甄嬛传》里，善于制香的安陵容就曾经做过鹅梨帐中香，它的做法比较特别，并不像其他香丸，用炼蜜来调和香末，而是要把香末盛进挖掉核的鹅梨中，蒸三次，再晾三次，让梨肉与香末充分融和，之后将它们全部挖取出来，一遍遍地揉软，最后制成香泥，再做成香丸窖藏。这里的鹅梨，并不是我们平时吃的梨，它是一种特殊的梨子"榅桲"，这种梨本身有清甜的果香，而且肉质扎实，水分少，更适合制香。

　　我手中的"鹅梨帐中香"闻起来像春雨的味道，温柔绵软，暖中带冷，伸出舌尖去尝它有一丝甜，有一丝初生草木的青涩感，还带着潮湿的水气，但其中混合的沉檀二香又散发出无限的柔媚，好像蒙蒙细雨的春夜里，躺在帐中听雨的感觉，据说这是南唐后主李煜制出来的香方，果然是文雅细腻，闻到这个香气，就会自然想起"梦里不知身是客，一晌贪欢"这样的句子。

　　有一个方子，一直是我私心所爱，但并没有记载在《香乘》中，因此我特地写在这里，那就是"二苏旧局"，这是陈云君先生写在《燕居香语》里的一个香方，为的是纪念苏轼和苏辙兄弟二人。它的方子很简单：会安沉香2克，星洲沉香1克，老山檀1

　　　　　　　　　　　　　　　　　　　香之书

克，乳香1克，琥珀粉0.5克，炼蜜和，干燥后窖藏。它是我很早就在用的一种香，它的气味确实有点旧旧的感觉，好像一件上好的毛衣已经被穿得非常贴身，舒服到感觉不出来，成为自己的第二层皮肤。它气质沉着，不是果香的甜，也不是花香的媚，是一种让人很安心的木香，读书时熏一颗，它就会让身边散发出一种舒适的氛围。就像苏东坡和苏子由，多年的兄弟感情已经深厚到无需特别表达，已经有了深沉的默契和最稳固的信任。

除了这些名方，我也很喜欢拟香类的方子。有些香料很难得，比如龙涎，于是人们就用其他香料来合成类似龙涎的香味，当时这类拟龙涎的方子很盛行。还有就是模拟梅花的香气，梅花的香气很美，但很难保存和收集，它的香气分子非常容易流失，但人们又特别喜欢梅香，于是用尽方法去还原它，使得拟梅香曾盛行一时，比如寿阳公主梅花香、黄亚夫野梅香、江梅香、梅蕊香等等。其中我觉得最有趣的是韩魏公浓梅香，也叫返魂梅，黄庭坚曾写过此香方，大意是这样："我与洪上座一同歇宿在潭之碧厢门外的小舟之中，面向群山。衡山花光仁送来二幅墨梅到船上来。我们两人聚集观赏。我说，现在只差焚香了。洪上座笑着打开行囊，取出一炷香焚熏。香气所至，如同微寒天气，清冷早晨，行进于孤山篱落之间。我不由称奇，问他香是从哪得来的。他说，是苏东坡从韩忠献家得来的。明知我有爱香之癖，而不相赠，岂不是小气？后来，洪驹父（惠洪，即洪上座）收集古今香方，自称没有香能比得上这种香。我因其香名不显，故而为其更名。"

除了梅香与龙涎外，还有拟婴香、兰香、酴醾香、佛手香等各种拟香，我闻过一些，并不一定完全逼真，但重在还原气质和氛围。每一个方子，都饱含着创作者对这种香全新的诠释和理解，这是一种艺术创作，就像同一个苹果，达芬奇画出来的和塞尚画出来的肯定不一样，但有趣的就在这相似与不相似之间，这才能看得出每一个创作者独特的个性与品位。

　　香方这个篇章，我觉得在整本书中是最为实用的，如果有读者好奇，不妨亲自一制。除了熏香，还有很多生活中能够每天用到的东西，比如用来醒酒的，用来除湿气的，夏天洗澡后可以用来涂身体的香粉，女孩子化妆后可以用来定妆的散粉，可以含在口中如同口香糖的香丸，拿来养发生发乌发的香发油，还有用香料制作的面霜、唇膜、面膜等等……喜欢纯天然植物配方，又喜欢古方的手工爱好者们，不妨动手来试试看。

文人香方

江南李主帐中香

沉香一两，锉如炷大，苏合油以不津磁器盛。

右以香投油，封浸百日，爇之。入蔷薇水更佳。

译：沉香一两，切成线香大小；苏合油，用不吸水的瓷器盛放。将沉香放进苏合油里，浸泡封存一百天，就可以用来焚香了。加蔷薇水，效果更佳。

又方一

沉香一两，锉如炷大，鹅梨一个切碎取汁。

右用银器盛，蒸三次梨汁干即可爇。

译：沉香一两，切成线香大小；鹅梨（榅桲）一个，切碎取汁。以上原料用银器盛放，蒸三次直到梨汁收干，就可以使用了。

又方二

沉香四两，檀香一两，麝香一两，苍龙脑半两，马牙香一分研。

右细锉，不用罗，炼蜜拌和烧之。

译：沉香四两，檀香一两，麝香一两，苍龙脑半两，马牙香一分（研成细末）。将以上原料切细，不必过筛，用炼蜜搅拌调和之后，就可以使用了。

又方（补遗）

沉香末一两，檀香末一钱，鹅梨十枚。

右以鹅梨刻去穰核如瓮子状，入香末，仍将梨顶签盖，蒸三溜，去梨皮，研和令匀，久窨可爇。

译：沉香粉末一两，檀香末一钱，鹅梨（榅桲）十个。以上原料，鹅梨挖去梨核，制成瓮状，填入香料粉末，仍将鹅梨顶部盖好，用签子固定，蒸三次之后，削去梨皮，其他部分都研磨细腻，调和均匀，窨藏一段时间之后，即可使用。

杨贵妃帏中衙香

沉香七两二钱，栈香五两，鸡舌香四两，檀香二两，麝香八钱（另研），藿香六钱，零陵香四钱，甲香二钱（法制），龙脑香少许。

右捣，罗细末，炼蜜和匀，丸如豆大，爇之。

译：沉香七两二钱，栈香五两，鸡舌香四两，檀香二两，麝香八钱（单独磨粉），藿香六钱，零陵香四钱，甲香二钱（依法炮制），龙脑香少许。

将以上原料捣碎，取筛出来的细腻粉末，用炼蜜调和均匀，搓成豆大的香丸，即可使用。

花蕊夫人衙香

沉香三两，栈香三两，檀香一两，乳香一两，龙脑半钱（另研），香成旋入。甲香一两（法制），麝香一钱（另研），香成旋入。

右除龙脑外同捣末，入炭皮末、朴硝各一钱，生蜜拌匀，入磁盒，重汤煮十数沸取出，窨七日作饼爇之。

译：沉香三两，栈香三两，檀香一两，乳香一两，龙脑半钱（单独研磨），香品制成后随即加入。甲香一两（如法炮制），麝香一钱（单独研磨），香品制成后随即加入。

以上原料，除龙脑之外，其余一并捣成粉末，加入炭皮末、朴硝各一钱，用生蜜搅拌均匀，放入瓷盒中，隔水煮十数沸取出。窨藏七日后制成香饼，即可使用。

苏内翰贫衙香（沈）

白檀四两（砍作薄片，以蜜拌之，净器内炒如干，旋入蜜，不住手搅，黑褐色止，勿焦），乳香五两（皂子大，以生绢裹之，用好酒一盏同煮，候酒干至五七分取出），麝香一字。

右先将檀香杵粗末，次将麝香细研入檀，又入麸炭细末一两借色，与元乳同研，合和令匀，炼蜜作剂，入磁器实按密封，地埋一月用。

译：白檀四两（切成薄片，用蜂蜜搅拌，放入干净的容器内炒干，随即加入蜂蜜，不停地用手搅拌至黑褐色，不能炒焦），乳香五两（皂子那么大，用生绢包裹，与一盏好酒一起煮它，等酒剩下五七分的时候取出），麝香一字。

以上原料中，先将檀香捣成粗末，再将麝香研成细末加入檀香，再加入麸炭细末一两用于上色。将以上香料和初乳一起研磨，调和均匀，加入炼蜜，用瓷器压实密封储藏，埋进地里一个月即可使用。

李主花浸沉香

沉香不拘多少，剉碎，取有香花：若酴醾、木犀、橘花或橘叶，亦可福建茉莉花之类，带露水摘花一碗，以磁盒盛之，纸封盖入甑蒸食顷取出，去花留汁，浸沉香，日中曝干，如是者数次，以沉香透烂为度。或云皆不若蔷薇水浸之最妙。

译：沉香不限多少，切碎，取带有香味的花朵，比如酴醾、木犀、橘花或橘叶，也可以用福建茉莉花之类的。带着露水的花朵摘一碗，用瓷盒盛着，用纸封在盖上，入甑蒸一顿饭的时间后取出。除去花瓣，留下花汁，把沉香浸在其中。然后在正午的阳光下暴晒几次，以沉香透烂为度。也有人说，这些方法都不如用蔷薇水浸泡，效果最好。

蝴蝶香

春月花圃中焚之，蝴蝶自至。

檀香，甘松，玄参，大黄（用酒过），金沙降、乳香各一两；苍术各二钱半，丁香三钱。

右为末，炼蜜和剂，作饼焚之。

译：春天在花园中焚熏此香，会招引蝴蝶飞来。

檀香、甘松、玄参、大黄（用酒过）、金沙降、乳香各一两；苍术二钱半，丁香三钱。

将以上原料研成粉末，用炼蜜调和成剂，制成香饼，即可使用。

雪中春信

檀香半两，栈香一两二钱，丁香皮一两二钱，樟脑一两二钱，麝香一钱，杉木炭二两。

右为末，炼蜜和匀、焚窨，如常法。

译：檀香半两，栈香一两二钱，丁香皮一两二钱，樟脑一两二钱，麝香一钱，杉木炭二两。

将以上原料研成粉末，用炼蜜调和均匀，按平常方式窨藏即可。

礼仪用香

内府香衣香牌

檀香八两，沉香四两，速香六两，排香一两，倭草二两，苓香三两，丁香二两，木香三两，官桂二两，桂花二两，玫瑰四两，麝香五钱，片脑五钱，苏合油四两，甘松六两，榆末六两。

右以滚热水和匀，上石碾碾极细，窨干，雕花如用玄色，加木炭末。

译：檀香八两，沉香四两，速香六两，排香一两，倭草二两，苓香三两，丁香二两，木香三两，官桂二两，桂花二两，玫瑰四两，麝香五钱，片脑五钱，苏合油四两，甘松六两，榆末六两。

将以上原料用滚烫的热水调和均匀，放入石碾中，碾成极细的粉末，窨藏阴干，雕花如果想制成黑色的香品，则加入木炭粉末。

清道引路香

檀香六两，芸香四两，速香二两，黑香四两，大黄五钱，甘松六两，麝香壳二个，飞过樟脑二钱，硝一两，炭末四两。

右炼蜜和匀，以竹作心，形如安席，大如蜡烛。

译：檀香六两，芸香四两，速香二两，黑香四两，大黄五钱，甘松六两，麝香壳两个，飞过樟脑二钱，硝一两，炭末四两。

将以上原料用炼蜜调和均匀，用竹子作香芯。此香制成后形似安席香，如同蜡烛大小。

金猊玉兔香

用杉木烧炭六两，配以栎炭四两，捣末，加炒硝一钱，用米糊和成揉剂，先用木刻狻猊、兔子二塑，圆混肖形如墨印法，大小任意。当兽口开一线，入小孔，兽形头昂尾低是诀。将炭剂一半入塑中，作一凹，入香剂一段，再加炭剂，筑完将铁线针条作钻，从兽口孔中搠入，至近尾止，取起晒干。

狻猊用官粉涂身，周遍上盖黑墨。兔子以绝细云母粉胶调涂之，亦益以墨。二兽具黑，内分黄白二色。每用一枚，将尾向灯火上焚灼，置炉内，口中吐出香烟，自尾随变色样。金猊从尾黄起焚尽，形若金妆，蹲踞炉内，经月不散，触之则灰灭矣。玉兔形俨银色，甚可观也。虽非雅供，亦堪游戏。其中香料精粗，随人取用。取香和榆面为剂，捻作小指粗段长八九寸，以兽腹大小量入，但令香不露出炭外为佳。

译：用杉木烧炭，取六两，配以栎炭四两，捣制成细末，加入炒硝一钱，用米糊调和，揉制成剂。先用木头刻成狻猊、兔子两个塑模，肖形圆混像墨印法一样，大小任意。兽口处打开一条线，穿入小孔，要点是兽形头昂尾低，将炭剂的一半注入塑模，制一处陷凹，加入香剂一段，再加入炭剂。制造完成后，将铁丝从兽口孔中穿入，直到尾部。随后将模具晒干。

用官粉涂抹狻猊身体，周围抹上黑墨。兔子则用极细的云母粉，用胶调和，涂抹在上面，也可涂上黑墨。两种兽形全是黑色，内里则分为黄、白两色。每次取用一枚，将尾部在灯火上灼烧，放置在炉中。兽口中吐出香烟，色彩随之从尾部开始发生变化。金猊从尾部开始变成黄色，香焚尽后，形如金妆，蹲踞于炉内，经月不散，一旦接触，则化成香灰。玉兔呈银色，也可做观赏之用。虽非雅供之物，但也经得起把玩。其中所填香料的精粗，根据各人的偏好取用。取香料，用榆面调和成剂，捏制成小拇指粗的香段，长八九寸，依照兽腹的大小放入，以香料不露出炭外为佳。

金龟延寿香（新）

定粉半钱，黄丹一钱，焊炭一两。

右研和薄糊调成剂。雕两片龟儿印，脱里，裹别香在腹内，以布针从口中穿到腹，香烟出从龟口内，烧过灰冷，龟色如金。

译：定粉半钱，黄丹一钱，焊炭一两。

将以上原料研磨，调和成薄糊，制成香剂。雕刻出两片龟形印模，将香剂脱制成形。将其他香料包裹在龟腹中，用针从口中穿到腹部，使香烟能从龟嘴内吐出。焚香后，香灰冷却，龟色如金。

窗前省读香

菖蒲根、当归、樟脑、杏仁、桃仁各五钱，芸香二钱。

右研末，用酒为丸，或捻成条阴干，读书有倦意焚之，爽神不思睡。

译：菖蒲根、当归、樟脑、杏仁、桃仁、各取五钱，芸香二钱。

将以上原料研成粉末，用酒研合，搓制成丸状，或者捏成条

　　　　　　　　　　　　　　　　　　　香之书

状，阴干。读书产生倦意时，焚烧此香，立即神清气爽，不思睡眠。

刘真人幻烟瑞球香

白檀香、降香、马牙香、芦香、甘松、三奈、辽细辛、香白芷、金毛狗脊、茅香、广零陵、沉香，已上各一钱；黄卢干、官粉、铁皮、云母石、磁石，已上各五分；水秀才一个，即水面写字；小儿胎毛一具，烧灰存性。

共为细末，白芨水调作块，房内炉焚，烟俨垂云。如将萌花根下津用瓶接，津调香内，烟如云垂，天花也。若用猿毛灰，桃毛和香，其烟即献猿桃象。若用葡萄根下津和香，其烟即献葡萄象。若出帘外焚之，其烟高丈余不散。如喷水烟上，即结蜃楼人马象，大有奇异，妙不可言。

译：白檀香、降香、马牙香、芦香、甘松、三奈、辽细辛、香白芷、金毛狗脊、茅香、广零陵、沉香，以上各取一钱；黄卢干、官粉、铁皮、云母石、磁石，以上各取五分；水秀才一个，就是在水面写字；小儿胎毛一具，烧灰，存性。

将以上原料放在一起研成细末，用白芨水调和，制作成块。房内炉中焚烧，香烟俨如垂云。如果用瓶子接取将要开放的花根下的精华，调制入香，则香烟如同云垂天花。如果用猿毛灰、桃毛调制香品，香烟会呈现出献猿桃的景象。如果用葡萄根下的精华调制香品，香烟呈葡萄形。如果在帘外焚香，香烟高达丈余，也不散去，如果将水喷在烟上，香烟就会凝结成海市蜃楼、人物车马等幻象，大为奇异，妙不可言。

香烟奇妙

沉香，藿香，乳香，檀香，锡灰，金晶石。

右等分为末成丸，焚之则满室生云。

译：沉香，藿香，乳香，檀香，锡灰，金晶石。

以上原料各取相等分量，研成粉末，制成香丸。焚烧此香，整个房间香云缭绕。

黄太史四香

深静香

海南沉水香二两，羊胫炭四两，沉水锉如小博骰，入白蜜五两，水解其胶，重汤慢火煮半日，浴以温水，同炭杵捣为末，马尾罗筛下之，以煮蜜为剂，窖四十九日出之。婆律膏三钱，麝一钱，以安息香一分，和作饼子，以磁盒贮之。

荆州欧阳元老为予制此香，而以一斤许赠别。元老者，其从师也能受匠石之斤，其为吏也不锉庖丁之刃，天下可人也。此香恬淡寂寞，非世所尚，时下帷一炷，如见其人。

译：海南沉水香二两半，羊胫炭四两，将沉水香切成小博骰大，放入白蜜五两，用水分解胶性，慢火隔水蒸煮半日，用温水洗过，将沉香与羊胫炭一起杵捣成粉末，用马尾罗筛细，用煮过的蜂蜜调成剂，窖藏四十九日后取出，加婆律膏三钱，麝香一钱，安息香一分，作成香饼，用瓷盒贮藏。

荆州欧阳元老为我配制此香，应允以一斤回赠。元老这个人，从师学艺，则能受匠石之斤（形容匠人技艺精湛）；身为官吏，不锉庖丁之刃（形容熟练），是天下间有趣之人。此香恬淡寂寞，不是入世之人所追求的。现在，每在帷下焚一炷此香，就会让我想起元老这个人。

小宗香

海南沉水一两（锉），栈香半两（锉），紫檀二两，半生半（用银石器炒令紫色），三物俱令如锯屑。苏合油二钱，制甲香一钱（末之），麝一钱半（研），玄参五分（末之），鹅梨二枚（取汁），青枣二十枚，水二碗煮，取小半盏，用梨汁浸沉、檀、栈，煮一伏时，缓火煮令干。和入四物，炼蜜，令少冷，搜和得所，入磁盒埋窨一月用。

南阳宗少文，嘉遁江湖之间，援琴作金石，弄远山，皆与之同响。其文献足以追配古人，孙茂深亦有祖风，当时贵人欲与之游，不可得，乃使陆探微画其像挂壁间观之。茂深惟喜闭阁焚香，遂作此香。馈时谓少文大宗，茂深小宗，故名小宗香。云：大宗、小宗，南史有传。

译：海南沉水香一两（切碎）；栈香半两（切碎）；紫檀二两半（用银石器炒至紫色）。以上三味原料，全部切制成锯屑状。苏合油二钱，制过的甲香一钱（研成粉末），麝香一钱半（研成粉末），玄参五分（研成粉末），鹅梨两个（取其汁液），青枣十个，水两碗，煮熬至小半分量。用梨汁浸渍沉香、檀香、栈香，煮一昼夜，用慢火熬煮至干。加入以上四种原料及炼蜜，稍稍放凉，搅拌均匀，放入瓷盒中，埋入地下，窨藏一个月，即可焚烧使用。

南阳宗少文嘉，隐遁于江湖之间，以琴奏乐，远山也会发出回声和鸣。其著作足以追配古人，孙茂深也有祖上遗风。当时，有一位贵人想与之交游，不能如愿。就让陆探微为其画像，挂在墙上观赏。因茂深喜欢在家关起门来焚香自赏，贵人就制作此香馈赠给他。时人称少文大宗，茂深小宗，所以叫这香为小宗香。大宗、小宗，《南史》有传。

华盖香

龙脑一钱，麝香一钱，香附子半两（去毛），白芷半两，甘松半两，松蘹一两，零陵叶半两，草豆蔻一两，茅香半两，檀香半两，沉香半两，酸枣肉（以肥、红、小者、湿生者尤妙，用水熬成膏汁）。

右件为细末，炼蜜与枣膏搜和令匀，木臼捣之，以不粘为度，丸如鸡豆实大，烧之。

译：龙脑一钱，麝香一钱，香附子半两（去毛），白芷半两，甘松半两，松蘹一两，零陵叶半两，草豆蔻一两，茅香半两，檀香半两，沉香半两，酸枣肉（以肉肥、色红、个体偏小、湿生的最好，放入水中，熬成膏汁）。

将以上原料研成细末，加入炼蜜、枣膏与其搅拌均匀，放入木臼中捣制，以不黏为限，制成鸡头大的香丸，焚烧使用。

巡筵香

龙脑一钱，乳香半钱，荷叶半两，浮萍半两，旱莲半两，瓦松半两，水衣半两，松蘹半两。右为细末，炼蜜和匀，丸如弹子大，慢火烧之。从主人起，以净水一盏引烟入水盏内，巡筵旋转，香烟接了去水栈，其香终而方断。

已上三方亦名三宝殊熏。

译：龙脑一钱，乳香半钱，荷叶半两，浮萍半两，旱莲半两，瓦松半两，水衣半两，松蘹半两。将以上原料研成细末，用炼蜜调和均匀，搓成弹子大小的香丸，用慢火烧制。从主人所坐的位置开始，用一盏清水，将香烟引入水盏内。绕着筵席席位转香，香烟连绵直到水干，香味方才断绝。

以上三种香方，也被称为三宝殊熏。

逼真拟香

婴香（武）

沉水香三两，丁香四钱，制甲香一钱（各末之），龙脑七钱（研），麝香三钱（去皮毛研），笾檀香半两（一方无），右五味相和令匀，入炼白蜜六两，去末，入马牙硝末半两，绵滤过，极冷乃和诸香，令稍硬，丸如芡子，扁之，磁盒密封窖半月。

《香谱补遗》云：昔沈推官者，因岭南押香药纲，覆舟于江上，几丧官香之半。因刮治脱落之余，合为此香，而鬻于京师，豪家贵族争而市之，遂偿值而归故。又名曰偿值香，本出《汉武内传》。

译：沉水香三两，丁香四钱，制甲香一钱（分别研成粉末）；龙脑七钱（研成粉末）；麝香三钱（去除皮毛，研成粉末）；笾檀香半两（有种配方中没有这一味），将以上原料调和均匀，加入炼白蜜六两，去掉沫子。加入马牙硝末半两，用绵滤过，全部放凉，再与各种原料调和，使之稍硬，搓制成芡子那么大的丸子压扁，放入瓷中密封，窖藏半月后再使用。

《香谱补遗》中说，昔日有个沈推官，因为从岭南押运香药

香之书

纲，在江上翻了船，官运香药几乎失落大半。于是，他用剩下的香料调制成这种香品，在京师出售，豪门贵族争相购买，故而能补偿原来的香价归还朝廷。因此，此香又名偿值香。这种说法，出自《汉武帝内传》。

龙涎香（五）

丁香半两，木香半两，肉豆蔻半两，官桂七钱，甘松七钱，当归七钱，零陵香三分，藿香三分，麝香一钱，龙脑少许。右为细末，炼蜜和丸，如梧桐子大，磁器收贮，捻扁亦可。

译：丁香半两，木香半两，肉豆蔻半两，官桂七钱，甘松七钱，当归七钱，零陵香三分，藿香三分，麝香一钱，龙脑少许。将以上原料研成细末，加入炼蜜调和，搓成梧桐子大小的香丸，用瓷器贮藏，捏扁也可。

吴侍中龙津香（沈）

白檀五两（细剉，以腊茶清浸半月后，用蜜炒），沉香四两，苦参半两，甘松一两（洗净），丁香二两，木麝二两，甘草半两（炙），焰硝三分，甲香半两（洗净，先以黄泥水煮，次以蜜水煮，复以酒煮，各一伏时，更以蜜少许炒），龙脑五钱，樟脑一两，麝香五钱，并焰硝四味各另研。

右为细末，拌和令匀，炼蜜作剂，掘地窖一月取烧。

译：白檀五两（切细，用腊茶清浸半月后，用蜜炒制），沉香四两，苦参半两，甘松一两（洗净），丁香二两，木麝二两，甘草半两（炙制），焰硝三分，甲香半两（洗净，先用黄泥水煮过，再用蜜水煮制，然后重新用酒煮，煮制时间各一昼夜，再加入少许蜜炒制），龙脑五钱，樟脑一两，麝香五钱及焰硝四种，各自单独研磨。

将以上原料研成细末，搅拌调和均匀，用炼蜜调制成香剂，埋地窖藏一个月，即可取用。

寿阳公主梅花香（沈）

甘松半两，白芷半两，牡丹皮半两，藁本半两，茴香一两，丁皮一两（不见火），檀香一两，降真香二钱，白梅一百枚。

右除丁皮，余皆焙干为粗末，磁器窖月余，如常法蓺之。

译：甘松半两，白芷半两，牡丹皮半两，藁本半两，茴香一两；丁皮一两（无需火烤）；檀香一两，降真香二钱，白梅一百枚。

以上原料，除丁皮以外，全部烘干，调制成粗末，用瓷器窖藏月余，依照寻常方法焚香。

李主帐中梅花香（补）

丁香一两（新好者），沉香一两，紫檀香半两，甘松半两，零陵香半两，龙脑四钱，麝香四钱，杉松麸炭末一两，制甲香三分。

右为细末，炼蜜放冷和丸，窖半月蓺之。

译：丁香一两（选用新鲜上好的）；沉香一两，紫檀香半两，甘松半两，零陵香半两，龙脑四钱，麝香四钱，杉松麸炭末一两，制甲香三分。

以上原料研成细末，将炼蜜放凉与原料调和制成香丸，窖藏半月，焚烧使用。

韩魏公浓梅香（《洪谱》又名返魂香）

黑角沉半两，丁香一钱，腊茶末一钱，郁金五分（小者，麦麸炒赤色），麝香一字，定粉一米粒（即韶粉），白蜜一盏。

右各为末，麝先细研，取腊茶之半，汤点澄清调麝。次入沉香，次入丁香，次入郁金，次入余茶及定粉，共研细，乃入蜜，令稀稠得所。收砂瓶器中，窨月余取烧，久则益佳。烧时以云母石或银叶衬之。

黄太史《跋》云：余与洪上座同宿潭之碧厢门外舟，衡岳花光仁寄墨梅二幅，扣舟而至，聚观于下。予曰祗欠香耳。洪笑，发囊取一炷焚之，如嫩寒清晓，行孤山篱落间，怪而问其所得。云：东坡得于韩忠献家，知子有香癖而不相授，岂小谴？其后驹父集古今香方，自谓无以过此，予以其名未显易之云。

译：黑角沉半两，丁香一钱，腊茶末一钱；郁金五分（选用个体较小的，用麦麸炒至红色）；麝香一字；定粉一米粒（即韶粉）；白蜜一盏。

以上原料，分别研成粉末。先将麝香研成细末，取半份腊茶茶汤，放至澄清，用以调制麝香末。再依次加入沉香、丁香、郁金，剩下的半份腊茶和定粉，混合研细，加入蜂蜜，调至稀稠刚好。放在砂瓶器皿中，窨藏月余，取出烧用，窨藏越久，效果更好。焚香时，用云母或银叶衬隔。

黄太史（庭坚）写道："我与洪上座一同歇宿在潭之碧厢门外的小舟之中，面向群山。衡山花光仁送来墨梅二幅，是行船过来的。我们两人聚集观赏。我说，现在只差焚香了。洪上座笑着打开行囊，取出一炷香焚熏。香气所至，如同微寒天气，清冷早晨，行进于孤山篱落之间。我不由称奇，问他香是从哪得来的。

他说，是苏东坡从韩忠献家得来的。明知我有爱香之癖，而不相赠，岂不是小气？后来，洪驹父（惠洪，即洪上座）收集古今香方，自称没有香能比得上这种香。我因其香名不显，故而为其更名。"

李元老笑兰香

拣丁香一钱（味辛者），木香一钱（鸡骨者），沉香一钱（刮去软者），白檀香一钱（脂腻者），肉桂一钱（味辛者），麝香五分，白片脑五分，南鹏砂二钱（先研细，次入脑麝），回纥香附一钱（如无，以白豆蔻代之，同前六味为末）。

右炼蜜和匀，更入马牙二钱许，搜拌成剂，新油单纸封裹，入瓷瓶内，一月取出，旋丸如菀豆状，捻饼以渍酒，名洞庭春（每酒一瓶，入香一饼，化开，笋叶密封，春三日，夏秋一日，冬七日可饮，其香特美）。

译：拣丁香一钱（选取气味辛香的）；木香一钱（选用像鸡骨的）；沉香一钱（刮去较软的部分）；白檀香一钱（选取香脂厚腻的）；肉桂一钱（选取气味辛重的）；麝香五分，白片脑五分；南鹏砂二钱（先磨成细粉，再加入脑香、麝香）；回纥香附一钱（如没有这一味，用白豆蔻代替，将其与此前六味原料一起磨成粉末）。

将以上原料用炼蜜调和均匀，再加入二钱多马牙，搅拌成香剂。用新油单纸封裹，放瓷瓶内，一个月之后取出，旋即搓制成豌豆大的香丸，捏制成饼泡酒，名为洞庭春（每一瓶酒，须加入一枚香饼，化开，用笋叶密封。春季时要浸泡三天，夏秋两季要浸泡一天，冬季浸泡七天，便可取出饮用，酒香特别醇美）。

黄亚夫野梅香（武）

降真香四两，腊茶一胯。

右以茶为末，入井花水一碗，与香同煮，水干为度。筛去腊茶，碾真香为细末，加龙脑半钱，和匀，白蜜炼熟溲剂，作圆如鸡豆大，或散烧之。

译：降真香四两，腊茶一胯。

将腊茶制成碎末，加入井花水一碗，与降真香一同煮至水干。筛去腊茶，将降真香碾成细末，加入龙脑半钱，调和均匀。将白蜜炼熟，调成香剂，制成鸡头大小的香丸，或者散烧。

江梅香

零陵香，藿香，丁香（怀干），茴香，龙脑，已上各半两。麝香少许（钵内研，以建茶汤和洗之）。

右为末，炼蜜和匀，捻饼子，以银叶衬烧之。

译：零陵香，藿香，丁香（怀干），茴香，龙脑，以上每味各半两；麝香少许（在钵内研磨，用建茶汤调和洗过）。

将以上原料研成粉末，用炼蜜调和均匀，捏成香饼，用银叶衬隔，即可焚香。

熏衣笑兰香

藿零，甘芷木，茴香，茅赖，芎黄和桂心，檀麝，牡皮加减用，酒喷日晒绛囊盛零。右以苏合香油和匀，松茅酒洗，三赖米泔浸，大黄蜜蒸，麝香逐旋添入。熏衣加檀、僵蚕，常带加白梅肉。

译：藿零，甘芷木，茴香，茅赖，芎黄和桂心，檀麝，牡皮适量加减，经酒喷日晒后装进红色的袋子里。将以上原料用苏合香油调和均匀，用松茅酒洗，三赖米水浸泡，用大黄蜜蒸制，随即加入麝香。作熏衣香用的话，则加入檀、僵蚕；日常佩戴的话，则加入白梅肉。

梅蕊香

丁香半两，甘松半两，藿香叶半两，香白芷半两，牡丹皮一钱，零陵香一两半，舶上茴香五分（微炒）。同咬咀，贮绢袋佩之。

译：丁香半两，甘松半两，藿香叶半两，香白芷半两，牡丹皮一钱，零陵香一两半，舶上茴香五分（微炒）。同切碎，用绢袋储藏，作佩戴用。

拂手香（武）

白檀三两（滋润者，锉末，用蜜三钱化汤用一盏，炒令水干，稍觉浥湿，焙干，杵罗极细），米脑五钱（研），阿胶一片。

右将阿胶化汤打糊，入香末，搜拌令匀，于木臼中捣三五百，捏作饼子，或脱花，窨干，中穿一穴，用彩线悬胸前。

译：白檀三两（选取质地滋润的，切成末，将三钱蜜倒入一盏水中，熬至水干，香稍稍带有湿气，烘干，捣碎，筛制成极细的粉末）；米脑五钱（研磨）；阿胶一片。

将阿胶化成汤，打成糊，加入香末，搅拌均匀，在木臼中捣制三五百下，捏成香饼，或用模子印制成花样，窨藏阴干。可在香饼中穿一个孔，用彩线系好，悬挂在胸前。

梅真香

零陵香叶半两，甘松半两，白檀香半两，丁香半两，白梅末半两，脑、麝少许。

右为细末，糁衣傅身皆可用之。

译：零陵香叶半两，甘松半两，白檀香半两，丁香半两，白梅末半两，脑、麝少许。

将以上原料研成细末，用来拍在衣服上或涂擦身体都可以。

日用香方

春宵百媚香

母丁香二两（极大者），白笃耨八钱，詹糖香八钱，龙脑二钱，麝香一钱五分，榄油三钱，甲香制过一钱五分，广排草须一两，花露一两，茴香，制过一钱五分，梨汁，玫瑰花五钱（去蒂取瓣），干木香花五钱（收紫心者，用花瓣）。

各香制过为末，脑麝另研，苏合油入炼过蜜少许，同花露调和得法，捣数百下，用不津器封口固，入土窖，春秋十日，夏五日，冬十五日，取出玉片隔火焚之，旖旎非常。

译：母丁香二两（选用较大的），白笃耨八钱，詹糖香八钱，龙脑二钱，麝香一钱五分，橄榄油三钱，制过的甲香一钱五分，广排草须一两，花露一两，制过的茴香一钱五分，梨汁，玫瑰花五钱（去蒂取瓣）；干木香花五钱（选用花心为紫色的，用其花瓣）。

将以上原料制成粉末，脑香，麝香单独研磨，加入苏合油及炼过的花蜜少许，与花露调和，捣制数百下，用不吸水的容器贮藏，封口。埋入地窖中，春秋两季窖藏十日，夏季五日，冬季十五日。取出后，用玉片隔火焚烧，香气四散旖旎。

香之书

逗情香

牡丹，玫瑰，素馨，茉莉，莲花，辛夷，桂花，木香，梅花，兰花。采十种花，具阴干，去心蒂，用花瓣，惟辛夷用蕊尖，共为末，用真苏合油调和作剂，焚之与诸香有异。

译：牡丹，玫瑰，素馨，茉莉，莲花，辛夷，桂花，木香，梅花，兰花。采摘以上十种花，全部阴干，除去花心花蒂，取花瓣留用。只有辛夷花，取用蕊尖研成粉末，用苏合油调和，制成香剂，焚烧时气息与其他香不同。

远湿香

苍术十两（茅山出者佳），龙鳞香四两，芸香一两（白净者佳），藿香净末四两，金颜香四两，柏子净末八两。各为末，酒调白芨末为糊，或脱饼，或作长条，此香燥烈，宜霉雨溽湿时焚之妙。

译：苍术十两（茅山出产的最好），龙鳞香四两，芸香一两（白净的最好），藿香净末四两，金颜香四两，柏子净末八两。将以上原料分别研成粉末，倒入酒中，加白芨末制成糊；或用模子脱制成香饼，或制成长条。这种香品质燥烈，最适合在梅雨之时焚烧。

玉华醒醉香

采牡丹蕊与酴醾花，清酒拌，浥润得所，风阴一宿，杵细，捻作饼子。阴干，龙脑为衣，置枕间。

译：采摘牡丹花蕊和酴醾花，用清酒拌和，使之湿润得当，阴干一夜，捣细，揉搓成香饼。再等阴干后，用龙脑包裹，可放在枕间解酒。

傅身香粉（洪）

英粉（另研），青木香，麻黄根，附子（炮），甘松，藿香，零陵香各等分。右件除英粉外同捣，罗为末，以生绢袋盛，浴罢傅身。

译：英粉（单独研磨）；青木香，麻黄根，附子（炮制过的），甘松，藿香，零陵香，各取相等分量。除英粉外，将以上原料一同捣碎，筛出细末，用生绢袋盛放，沐浴之后擦在身上。

和粉香

官粉十两，蜜陀僧一两，白檀香一两，黄连五钱，脑、麝各少许，蛤粉五两，轻粉二钱，朱砂二钱，金箔五个，鹰条一钱。右件为细末，和匀傅面。

译：官粉十两，蜜陀僧一两，白檀香一两，黄连五钱，脑香、麝香各少许，蛤粉五两，轻粉二钱，朱砂二钱，金箔五个，鹰条一钱。将以上原料研成细末，调和均匀，用来擦脸。

十和香粉

官粉一袋（水飞），朱砂三钱，蛤粉（白熟者，水飞），鹰条二钱，蜜陀僧五钱，檀香五钱，脑麝各少许，紫粉少许，寒水石（和脑麝同研）。

右件各为飞尘，和匀入脑麝，调色似桃花为度。

译：官粉一袋，水飞（水飞法），朱砂三钱，蛤粉（选取白熟者，水飞），鹰条二钱，蜜陀僧五钱，檀香五钱，脑香、麝香各少许，紫粉少许，寒水石（与脑香、麝香一同研磨）。

将以上原料，各用水飞法制成细末，调和均匀，加入脑香、麝香，调和颜色，以其色如桃花为度。

利汗红粉香

滑石一斤（极白无石者，水飞过），心红三钱，轻粉五钱，麝香少许。右件同研极细用之，调粉如肉色为度，涂身体香肌利汗。

译：滑石一斤（选用色泽极白，不含石质的，水飞过）；心红三钱，轻粉五钱，麝香少许。将以上原料研成极细的粉末，用来调粉，以呈肉色为好。擦拭身体，有香肌利汗的效果。

香身丸

丁香一两半，藿香叶、零陵香、甘松各三两，香附子、白芷、当归、桂心、槟榔、益智仁各一两，麝香二钱，白豆蔻仁二两。

右件为细末，炼蜜为剂，杵千下，丸如桐子大，噙化一丸，便觉口香，五日身香，十日衣香，十五日他人皆闻得香。又治遍身炽气，恶气及口齿气。

译：丁香一两半，藿香叶、零陵香、甘松各三两，香附子、白芷、当归、桂心、槟榔、益智仁各一两，麝香二钱，白豆蔻仁二两。

将以上原料研成细末，用炼蜜调和成剂，捣制千下，制成桐子大小的香丸。含一丸到完全溶化便口舌生香，五日之内身体带香，十日之内衣裳留有余香，十五日之内其他人都能闻到这种香气。此香能治疗周身炽气，恶气及口齿气。

香发木犀香油

凌晨摘木犀花半开者，拣去茎蒂，令净。高量一斗，取清麻油一斤，轻手拌匀，置磁罂中，厚以油纸蜜封罂口，坐于釜内重汤煮一饷久取出，安顿稳燥处，十日后倾出。以手泚其青液收之。最要封闭紧密，久而愈香，如以油匀，入黄蜡为面脂，尤馨香也。

译：凌晨采摘未开的木犀花，拣去花的茎蒂，洗净，高量取一斗。取清麻油一斤，倒入花，用手轻轻搅拌均匀，放置在瓷瓶中，用厚油纸密封罐口。放在锅内，隔水蒸煮一顿饭的时间后取出，安放在稳固、干燥之处。十日后，倒出使用，用手滤出青液，并且收藏好。贮藏的要诀是封闭紧密。贮藏越久，香气愈浓。如以油调和，加黄蜡，制成面霜，尤其香。

乌发香油（此油洗发后用最妙）

香油二斤，柏油二两（另放），诃子皮一两半，没石子六个，五倍子半两，真胆矾一钱，川百药煎三两，酸榴皮半两，猪胆二个（另放），旱莲台半两。

右件为粗末，先将香油熬数沸，然后将药末入油同熬，少时倾油入罐子内，微温入柏油搅，渐入猪胆又搅，令极冷入后药。

零陵香、藿香叶、香白芷、甘松各三钱，麝香一钱，再搅匀，用厚纸封罐口，每日早午晚各搅一次，仍封之。如此十日后，先晚洗发净，次早发干搽之，不待数日，其发黑绀，光泽香滑，永不染尘垢，更不须再洗，用之后自见也。黄者转黑。旱莲台，诸处有之，科生一二尺高，小花如菊，折断有黑汁，名猢狲头。

译：香油二斤，柏油二两（单独存放）；诃子皮一两半，没石子六个，五倍子半两，真胆矾一钱，川百药煎三两，酸榴皮半两；猪胆二个（单独放置）；旱莲台半两。

以上原料，研磨成粗末。先将香油熬至数沸，然后将药末倒入油中一同熬制，稍后将油倒入罐内，待油微温，放入柏油搅拌，慢慢放入猪胆，再行搅拌，放至极凉。

然后加入零陵香，藿香叶，香白芷，甘松各三钱，麝香一钱。再搅匀，用厚纸封严罐口，每日早、中、晚各搅一次，仍旧封好，如此十日。晚上将头发洗净，次日早上，将此香油抹在头发上干搽。过不了几天，头发乌黑而富有光泽，香滑而不沾染尘垢。涂抹香油后，不必洗去。使用之后，效果自见。黄发转作黑发。旱莲台，各地都有此物，约一二尺高，小花如菊，折断后有黑汁浸出，名为猢狲头。

又（此油最能黑发）

每香油一斤，枣枝一根锉碎，新竹片一根截作小片，不拘多少。用荷叶四两，入油同煎，至一半去前物，加百药煎四两，与油再熬，冷定，加丁香、排草、檀香、辟尘茄，每净油一斤，大约入香料两余。

译：香油一斤，枣枝一根，切碎；新竹片一根，截成小片，不拘多少。荷叶四两，放入油中，煎至一半，去掉此前加入的原料。在油中加入百药煎四两，再熬，放凉后，加入丁香、排草、檀香、辟尘茄。每净油一斤，大约加入一两多香料。

香粉

法惟多着丁香于粉盒中，自然芬馥。

译：香粉的妙法只在于在粉盒中多放入丁香，香气自然芬馥。

制香：合香的艺术

面脂香

牛髓（牛髓少者，用牛脂和之，若无髓，只用脂亦得），温酒浸，丁香藿香二种（浸法如煎泽法）煎法一同合脂，亦着青蒿以发色，绵滤着磁漆盏中令凝。若作唇脂者，以熟朱调和青油裹之。

译：牛髓（牛髓太少，则用牛脂调和牛髓，如果没有牛髓，只用牛脂，也可以），用温酒浸泡丁香、藿香两味（用煎泽法），煎法与调合香泽时相同。面脂中也加入青蒿上色，用丝绵过滤，倒入瓷杯中，令其凝固。如果制作唇脂，则用熟朱调和，用青油包裹。

八白香（金章宗宫中洗面散）

白丁香，白僵蚕，白附子，白牵牛，白茯苓，白蒺藜，白芷，白芨。

右等分，入皂角去皮弦，共为末，绿豆粉半之。日用，面如玉矣。

译：白丁香，白僵蚕，白附子，白牵牛，白茯苓，白蒺藜，白芷，白芨。

以上原料各取相等分量，加入皂角，除去皮弦，一并研成粉末，加入绿豆粉搅拌。日常使用此粉，面色如玉。

面香药（除雀斑酒刺）

白芷，槁本，川椒，檀香，丁香，三奈，鹰粪，白藓皮，苦参，防风，木通。

右为末，洗面汤用。

译：白芷，槁本，川椒，檀香，丁香，三奈，鹰粪，白藓皮，苦参，防风，木通。

将以上原料研成粉末，作为洗面汤用，可除雀斑，酒刺。

头油香（内府秘传第一妙方）

新菜油十斤，苏合油三两（众香浸七日后入之），黄檀香五两（槌碎），广排草（去土五两细切），甘松二两（去土切碎），茅山草二两（碎），三奈一两（细切），辽细辛一两（碎），广零陵三两（碎），紫草三两（碎），白芷二两（碎），干木香花一两（紫心白的），干桂花一两。

将前各味制净，合一处听用。屋上瓦花去泥根净四斤，老生姜刮去皮二斤。将花姜二味入油煎数十沸，碧绿色为度。滤去花姜渣，熟油入坛冷定，纳前香料封固好，日晒夜露四十九日开用，坛用铅锡妙。

译：新菜油十斤，苏合油三两（香料浸渍七日后加入），黄檀香五两（槌碎），广排草（除去杂土五两，切细），甘松二两（除去杂土，切碎），茅山草二两（切碎），三奈一两（细切），辽细辛一两（研碎），广零陵三两（切碎），紫草三两（切碎），白芷二两（切碎），干木香花一两（选用紫心白花的），干桂花一两。

以上原料，择净，混合到一起待用。屋顶上的瓦花，除去泥根，称取四斤；刮去皮的老生姜二斤。将瓦花，老生姜倒入油中煎数十沸，以呈碧绿色为好，滤去花姜渣，将油倒入坛中，冷却，加入前面各味香料，封固严密。日晒夜露四十九日后，方可打开使用，最好使用铅锡的坛子。

又方

茶子油六斤，丁香三两（为末），檀香二两（为末），锦纹大黄一两，辟尘茄三两，辽细辛一两，辛夷一两，广排草二两。将油隔水微火煮一炷香取起，待冷，入香料，丁檀辟尘茄为末，用纱袋盛之，余切片，入封固。再晒一月用。

译：茶子油六斤，丁香三两（研成粉末），檀香二两（研成粉末），锦纹大黄一两，辟尘茄三两，辽细辛一两，辛夷一两，广排草二两。将油隔水微火煮制一炷香的时间后取出，待到冷却时，加入香料。丁香、檀香及辟尘茄，制成粉末，用纱袋装盛，其余切片，封固保存，再晒一月，即可使用。

金主绿云香

沉香，蔓荆子，白芷，南没石子，踯躅花，生地黄，零陵香，附子，防风，覆盆子，诃子肉，莲子草，芒硝，丁皮。

右件各等分，入卷柏三钱，洗净晒干，各细锉，炒黑色，以绢袋盛入磁罐内。

每用药三钱，以清香油浸药，厚纸封口七日，每遇梳头，净手蘸油摩顶心令热入发窍，不十日发黑如漆。黄赤者变黑，秃者生发。

译：沉香，蔓荆子，白芷，南没石子，踯躅花，生地黄，零陵香，附子，防风，覆盆子，诃子肉，莲子草，芒硝，丁皮。

将以上原料各取相等分量，加入卷柏三钱，洗净晒干，分开切细，炒至黑色，用绢袋盛放，加人瓷罐中。

每次取三钱使用，用清香油浸渍，用厚纸封住罐口，贮藏七日。每次梳头时，洗净手，蘸油擦在发顶心，使其渗入毛孔。不到十日，发质黑如漆。发色偏黄偏红的，都能变黑，秃头者能生长出头发。

莲香散（金主中方）

丁香三钱，黄丹三钱，枯矾末一两，共为细末，闺阁中以之敷足，久则香入肤骨，虽足纨常经浣渥，香气不散。

金章宗文房精鉴，至用苏合香油点烟制墨，可谓穷幽极胜矣。兹复致力于粉泽香膏，使嫔妃辈云鬟益芳，莲踪增馥，想见当时，人尽如花，花尽皆香，风流旖旎，陈主、隋炀后一人也。

译：丁香三钱，黄丹三钱，枯矾末一两。以上原料，研成细末。女人用它来敷脚，时间长了，香气浸入肤骨，裹脚布虽然经常清洗，香气也不消散。

金章宗文房用具精鉴，用苏合香油点烟制墨，可谓穷尽心力了。他还致力于粉泽香膏的制作，使嫔妃们云鬟芬芳，足下生香。遥想当年，人尽如花，花尽皆香，风流旖旎，陈后主、隋炀帝之后，仅此一人。

孙功甫廉访木犀香珠

选木犀花蓓蕾未全开者，开则无香矣。露未晞时，用布幔铺，如无幔，净扫树下地面，令人登梯上树，打下花蕊，择去梗叶，精拣花蕊。用中样石磨磨成浆，次以布复包裹，榨压去水，将已干花料盛贮新磁器内，逐旋取出，于乳钵内研令细软，用小竹筒为则度筑剂，或以滑石平。

片刻窍取，手搓员如小钱大，竹签穿孔，置盘中，以纸四五重衬，借日傍阴干，稍健可百颗作一串。山竹弓绁，挂当风处，吹八九分干取下。每十五颗，以洁净水略略揉洗，去皮边青黑色。又用盘盛，于日影中映干，如天阴晦，纸隔之，于慢火上焙干，新绵裹收，时时观则香味可数年不失，其磨乳清洗之际，忌秽污妇人、铁器、油盐等触犯。

琐碎录云：木犀香念珠，须少入西木香。

译：选择还没有完全开放的木犀花蓓蕾，完全开的木犀花就没有香味了。在晨露还没有干的时候，把布幔铺在地上，如果没有布幔，就把树下的地面扫干净。让人登梯上树，打下花蕊，拣掉其中的梗和叶子，精细的挑拣出花蕊，用中等大小的石磨把花磨成浆，然后用布包起来，榨压掉其中的水分。把压掉水分的干花料盛放在新瓷器中，一点一点取出，放在乳钵内研磨，磨到又细又软，就可以用小竹筒盛花泥，或用滑石将花泥压平整。

片刻之后，从竹筒洞里取出花泥，用手搓圆，制成小钱大小的圆珠子，用竹签从中心穿出孔来，放置在盘子里，用四五张纸重重包衬好，然后放在日光旁的阴凉的地方让它变干燥，等珠子稍稍变坚硬以后，就可以把一百颗串成一串，用山竹做成弓的形状，挂在迎风处吹至八九分干。然后每次取下十五颗，用洁净的清水略略揉洗，洗掉皮边青黑色的浮灰等杂质，再用盘子盛放，在太阳边的阴影下阴干。如果遇到阴天，就用纸隔着让它在文火上慢慢烘干。最好把制成的香珠用新绵包裹收好，时时拿来观赏，香味可以保持数年不消失。磨制香泥、洗净香珠的时候，要忌讳不要触碰在生理期或生孩子的妇人、铁器、油盐等物，不然会影响香气的纯正。

《琐碎录》说："木犀香念珠，须加入少量西木香。"

基础制香

合香泽法

清酒浸香（夏用令酒冷，春秋酒令暖，冬则小热），鸡舌香（俗人以其似丁子，故为丁子香也），藿香，苜蓿，兰香凡四种，以新绵裹而浸之（夏一宿，春秋二宿，冬三宿），用胡麻油两分，猪胆一分纳铜铛中，即以浸香酒和之，煎数沸后，便缓火微煎，然后下所浸香煎，缓火至暮，水尽沸定乃熟。以火头内浸，中作声者，水未尽，有烟出无声者，水尽也。泽欲熟时，下少许青蒿，以发色，绵幂铛嘴，防瓶口泻。

香泽者，人发恒枯瘁，此以濡泽之也，唇脂以丹作之，象唇赤也。——《香乘》，引自《释名》

译：用清酒浸香（夏季使用冷酒，春秋两季使用暖酒，冬季则将酒微微加热后使用）。将鸡舌香（世人因其形似丁子，故而称为丁子香），藿香，苜蓿，兰香四种香料，用新绵包裹，放入酒中浸渍（夏季浸渍一夜，春秋两季浸渍两夜，冬季浸渍三夜）。将胡麻油两分，猪胆一分放入铜锅中，调入浸过香的酒，煎煮数沸后，再用文火微微煎煮，然后放浸过的香料，用微火煎制，直到黄昏，水被烧干，就熟了。将火头插入其中试探，若发出声音的，则水未熬尽；有烟冒出且不发出声音的，则水已烧干。香泽快要煎熟时，放入少许青蒿上色，将丝绵罩在浅嘴瓶口，以防香泽泻出。

头发总是枯黄的人，就用这种香泽滋润。加入丹砂，即可制成唇脂，能使唇色红润。——《香乘》，引自《释名》

聚香烟法

艾纳（大松上青苔衣），酸枣仁。

凡修诸香，须入艾纳和匀焚之，香烟直上三尺，结聚成球，氤氲不散。更加酸枣仁研入香中，其烟自不散。

译：艾纳（大松树上的青苔衣），酸枣仁。

凡调制这类香品，须加入艾纳调和均匀，焚香时，香烟直上三尺，结聚成球，氤氲不散。再将酸枣仁研成粉末，加入香中，其烟不会散去。

分香烟法

枯荷叶。

凡缸盆内栽种荷花，至五月间候，荷叶长成，用蜜涂叶上，日久自有一等小虫，食尽叶上青翠，其叶纱枯。摘取去柄，晒干为细末。如合诸香，入少许焚之，其烟直上，盘结而聚，用箸任意分划，或为云篆，或作字体皆可。

译：在缸盆内栽种荷花，到了五月时节，荷叶长成之时，将蜜涂抹在荷叶上。日子久了，自然有些小虫将叶子上的青翠吃光，叶片上留下枯纱。摘取荷叶，除去叶柄，晒干后研成细末。

调制香品时，加入少许枯荷末。焚烧时，香烟直上，盘结聚集，用筷子任意分划，或呈云纹状，或作字体状，都可以成形。

藏木犀花

木犀花半开时带露打下，其树根四向先用被袱之类铺张以盛之。既得花，拣去枝叶虫蚁之类，于净桌上，再以竹篦一朵朵剔择过，所有花蒂及不佳者皆去之。然后石盆略春令扁，不可十分细。装新瓶内，按筑令十分坚实，却用干荷叶数层铺面上，木条擒定，或枯竹片尤好（若用青竹，则必作臭）。如此了放，用井水浸，（冬月五日一易水，春秋三二日，夏月一日）。切记装花时须是：以瓶腹三分为率，内二分装花，一分着水。若要用时，逼去水，去竹木，去荷叶，随意取了，仍旧如前收藏。经年不坏，颜色如金。

译：木犀花半开之时，趁着露水将其打下。树根下四周先用被袱之类铺好，用来接花，取得花后，拣去枝叶、虫蚁之类。在洁净的桌面上，用竹篦一朵朵挑选，将花蒂及不好的花朵全部除去。然后在石盆中将其略略春扁，不能春得太细。装入崭新的瓶内，按压得十分坚实，再将数层干荷叶盖在上面，用木条压好，或者是枯竹片也可以（如果使用青竹，则必定有臭气）。依法将花装好，用井水浸渍（冬季五日换一次水，春秋三两日换一次水，夏季一日换一次水）。切记装花时：须以瓶腹三分为界，三分之二置花，三分之一装水。若要使用时，逼去水，除去竹木及荷叶，随意取用。用后仍旧如前法收藏，经年不坏，颜色如金。

制香薄荷

寒水石研极细，筛罗过，以薄荷二斤，交加于锅内，倾水二

碗，于上以瓦盆盖定，用纸湿封四围，文武火蒸熏两顿饭久，气定方开。微有黄色，尝之凉者是，加龙脑少许用。（扬州崔家方）

译：将寒水石研磨成极细的粉末，筛过，再选薄荷二斤，一齐放入锅内，加入两碗水，用瓦盆将锅盖好，用湿纸封好锅边，用文、武火轮流蒸熏两顿饭的时间，蒸汽散尽方才开启。原料微微带有黄色，品尝起来清凉，使用时，加入龙脑少许。（扬州崔家方）

窨酒香丸

脑麝（二味同研），丁香，木香，官桂，胡椒，红豆，缩砂，白芷，已上各一分，马蹄少许。右除龙麝另研外，余药同捣为细末，蜜和为丸，如樱桃大，一斗酒置一丸于其中，却封系令密，三五日开饮之，其味特香美。

译：龙脑，麝香（一起研磨），丁香，木香，官桂，胡椒，红豆，缩砂，白芷，以上各取一分；马蹄少许。除龙脑，麝香以外，其余原料一并捣成细末，用蜜调和制成樱桃大小的香丸。每斗酒中放入一丸，将装酒的容器封固严密，三五日后打开饮用，味道特别香美。

烧香留宿火

好胡桃一枚烧半红，埋热灰中，经夜不灭。

香饼，古人多用之。蔡忠惠以未得欧阳公清泉香饼为念。诸谱制法颇多，并抄入香属。近好事家谓香饼易坏炉灰。无需此也，止用坚实大栎炭一块为妙。大炉可经昼夜，小炉亦可永日荧荧。聊收一二方，以备新谱之一种云。

香之书

译：选上好胡桃一枚，烧至半红，埋入热灰中，则炉火一夜不灭。

香饼，古人多有使用。蔡忠惠对于没能得到欧阳公的清泉香饼，始终念念在怀。各家香谱中记载的制作方法颇多，一并收录在"香属"一节。近来，雅好香事的人士称香饼容易破坏炉灰的材质。实则不难解决，只用一块坚实的大栎炭就可以。大炉可以历经昼夜，小炉也可永日炉火荧荧。权且收录一二种制作方法，以备新谱之一种。

木犀香四

五更初，以竹箸取岩花未开蕊，不拘多少，先以瓶底入檀香少许，方以花蕊入瓶。候满花，脑子糁花上，皂纱幕瓶口，置空所。日收夜露四五次，少用生熟蜜相拌，浇瓶中，蜡纸封，窨烧如法。

译：五更初，用竹筷摘取尚未开放的岩桂花蕊，随便多少。先在瓶底放入檀香少许，然后将花蕊装入瓶内，装满花后，把樟脑洒在花上。将纱蒙在瓶口上，放置在空房子里，每天收取夜露四五次，用少量的生熟蜜搅拌，浇洒在瓶中，再用蜡纸密封。窨藏后取出，即可使用。

诗词与文章

中国文化的高光时刻在哪个时代，我想可能大多数人都会说是唐代，以至于过了一千多年，有些人还自称"唐人"，唐朝的确国力强盛，物资丰饶，花团锦簇，有大国气象，但我内心总有一点个人的审美偏向，我爱宋朝胜过唐朝。

正所谓诗庄词媚，如果说唐诗的整体气象是华丽，是庄重，是胸怀天下，慷慨激昂；那么到了宋朝，无论是诗还是词，都明显变得细腻和柔软，是婉约，是清雅，是惆怅与温柔，令人觉得熨帖而又亲近，宋朝人懂生活，乐意描写细节，因此《清明上河图》这样的作品出现在了宋朝。

造成宋朝这种风貌的一个重要原因是社会对文人的推崇，宋朝统治者为了避免五代时期武将乱政的历史重演，在立国之初就制定了一系列"兴文教、抑武事"的举措，崇尚文治、尊重知识、优待文人、重用文臣等。这些举措让当时文人的社会地位得到空前的提升，为宋代文人意趣的兴盛提供了最好的土壤。

与此同时，宋朝的造船技术和海外贸易也相当发达，往返于亚非欧国家的海船，沿"海上丝绸之路"将沉香、檀香、苏合香、丁香、龙脑等多种香料传入国内，这给宋朝香文化的兴盛创造了极好的物质基础。

宋朝读书人的地位在所有朝代中都可算是空前的，他们影响力巨大，上至朝堂，下至市井，他们的文章、生活习惯、态度和观点，都是整个社会的风向标，他们把熏香写进文章，写进诗词，让香真正成为一种文化。

因此，香文化的巅峰也在宋朝，这和读书人对香的热爱是分不开的，无论是苏轼、黄庭坚，还是晏殊、柳永、李清照……他们的诗词里随处可见关于焚香的文字，最有名的玩香人自然是苏轼，他算是个香痴，不但留下无数品香的诗文，还研究出了各种香方和香炉的款式，他的研究成为香文化中的经典。

无论是吟诗、作画、品茗、抚琴、赏花、听雨，还是参禅悟道，无论是一个人独自在书桌前沉吟，还是呼朋唤友举办雅集，他们一定会焚香。不但品香，还要咏香，香不只是点缀，还是不可或缺的生活必需品，除了写进文字，他们更是会自己研究各种合香的方子，相互赠送和品鉴，这成为文人交往的一大乐事。

宋人把挂画、插花、焚香、点茶称为四般闲事，而挂画、插花、点茶时又必定要焚香，否则总像是缺了点什么，爱香成痴的文人不论是高居庙堂还是退居山野，可谓终日焚香，焚香至老。

宋朝时流行文人雅集，其中也必定要设香席。最负盛名的是西园雅集，令后世文人心驰神往。西园雅集是苏轼、黄庭坚、秦观、李公麟、米芾、苏辙等文人雅士聚集于驸马王诜的宅邸西园中的集会。他们在山水园林之中赋诗作画，抚琴弹阮，谈禅论道，焚香品茶，世间雅事集于一园之内，构筑了一个近乎理想的文人世界。在李公麟所绘的《西园雅集图》中，可以一窥当时的盛况，也可以从画中看到石案上摆放着各种素雅的香炉。

焚香之所以如此被文人推崇，我想大概是因为焚香最大的功用是能令人心静，宋代流行隔火熏香，整个程序是非常烦琐的，而且强调动作与程序的仪式感。要以轻柔恭敬的态度，细致地完成一系列焚香的程序，在这个过程中，心已除去了几分烦躁，等到清幽的香气微微散发出来，像是在四周筑起了一层无形的屏障，隔绝了外界的喧嚣，随香遁入书中天地，忘却身外俗事。正如《大学》中所说："知止而后有定，定而后能静，静而后能安，安而后能虑，虑而后能得。"香能令人静，而静能给人带来理性的思考。

因此，读最难的书时，不可无香。尤其是研读《易经》这类高深玄妙的上古之书，既需要集中注意力，也需要神思发散，这时香就有了莫大的助力，正如舒岳祥《夏日山居好十首》写的："焚香诵周易，痛饮读离骚。"

不光是读书，赏花时也要焚香，南唐的韩熙载，即《韩熙载夜宴图》里的韩熙载，他对赏花时的焚香之道就有自己的一套："花宜香故，对花焚香，有风味相和，其妙不可言者。木犀宜龙脑，酴醾宜沉水，兰宜四绝，含笑宜麝，簷卜宜檀。"

就像伯牙子期的高山流水遇知音，香气也如同无声的旋律，唯有同样懂得品鉴的知己来见时，才当得取出珍藏的好香。在幽绝的香气中，还没开口，彼此就已心意相通，正如李自中在《南昌楼赠符子威》中写的："占得南楼第一凉，焚香终日话苍茫。"

若始终等不到知己，那么，独自一人也可焚香，可以请天上的云，深夜的雨，春天的微风，秋天的落叶一同赏香，就像李白在月下一个人喝酒，也可以写出"举杯邀明月，对影成三人"这样的句子，陆游就是一个特别喜欢在听雨时焚香的人，他在《老学庵北窗杂书》中曾写过"造物今知不负汝，北窗夜雨默焚香"，他认为听雨焚香这件事，可以令人身心愉悦，甚至可以治病，可以醒酒。所以在《夜听竹间雨声》这首诗里陆游说："解酲不用酒，听雨神自清。治疾不用药，听雨体自轻。我居万竹间，萧瑟送此声。焚香倚蒲团，袖手坐三更。人古不自觉，忿欲投隙生。起歆檐间雨，更与此君盟。"

说起香对陆游的重要，可能《假中闭户终日偶得绝句》这首诗表述得最清楚："官身常欠读书债，禄米不供沽酒资。剩喜今朝寂无事，焚香闲看玉溪诗。"

即使俸禄微薄，即使欠债，在俸禄甚至不能买酒的清贫状态中，也要在读书的时候时焚上一炉香，香对陆游而言并不是可有可无的点缀，而是绝对不可缺少的陪伴，和诗书一样，是必备的精神食粮。

　　平时，奔波在红尘中，双眼所见都是乱花渐欲迷人眼，而焚香听雨则像是一种洗涤，闭上双眼，充分调动起听觉与嗅觉，让匀称温和的雨声和香气把人带回一种更安静的节奏里，凝神聚气，摒除杂念。

　　《香乘》中收录了大量与香有关的诗词，大多直接与焚香有关，或者是以焚香为题而写的诗词文章，其中大部分来自宋朝。我们选出一部分代表作，让大家能够略窥那个时代的盛景。我曾说是时候多背一些诗词放在心里了，这些诗词就像我心中建起的一座私人酒窖，每到合适的时机，就可以打开一瓶合适的佳酿。虽然焚香的文化也许已经离我们很远了，但这些诗文就像被封存在时间里的窖藏，每打开一首细读，就如同那古远的香气还在身边。

香诗汇[①]

烧香曲　唐·李商隐

细云蟠蟠牙比鱼，孔雀翅尾蛟龙须。章宫旧样博山炉，楚娇捧笑开芙蕖。八蚕融绵小分炷，兽焰微红隔云母。白天月色寒未冷，金虎含秋向东吐。玉佩呵光铜照昏，帘波日暮冲斜门。西来欲上茂陵树，柏梁已失栽桃魂。露庭月井大红气，轻衫薄袖当君意。蜀殿铜人伴夜深，金銮不问残灯事。何当巧吹君怀度，襟灰为土填清露。

香　唐·罗隐

沉水良材食柏珍，博山炉暖玉楼春。怜君亦是无端物，贪作馨香忘却身。

---

①书中收录的诗词为《香乘》收录的版本，与其他版本略有差异。诗、词中明显错讹径改。

宝熏 宋·黄庭坚

贾天锡惠宝熏，以"兵卫森画戟，燕寝数清香"十诗赠之

险心游万仞，躁欲生五兵。隐几香一炷，灵台湛空明。
昼食鸟窥台，晏坐日过砌。俗气无因来，烟霏作舆卫。
石蜜化螺甲，榠樝煮水沉。博山孤烟起，对此作森森。
轮囷香事已，都梁著书画。谁能入吾室，脱汝世俗秽。
贾侯怀六韬，家有十二戟。天资喜文事，如我有香癖。
林花飞片片，香归衔泥燕。闭阁和春风，还寻蔚宗传。
公虚采芹宫，行乐在小寝。香光当发闻，色败不可稔。
床帐夜气馥，衣桁晚香凝。瓦沟鸣急雨，睡鸭照华灯。
雉尾应鞭声，金炉拂太清。班近开香早，归来学得成。
衣箧丽纨绮，有待乃芬芳。当念真富贵，自熏知见香。

帐中香[1]   前人

百炼香螺沉水，宝熏近出江南。一穗黄云绕几，深禅相对同参。螺甲割昆仑耳，香材屑鹧鸪斑。欲雨鸣鸠日永，下帷睡鸭春闲。

戏用前韵二首[2]   有闻帐中香以为熬蜡香   前人

海上有人逐臭，天生鼻孔司南。但印香岩本寂，丛林不必遍参。
我读蔚宗香传，文章不减二班。误以甲为浅俗，却知麝要

---

① 此诗为黄庭坚所作《有惠江南帐中香戏答六言》。
② 此诗为黄庭坚所作《有闻帐中香以为熬蜡者戏用前韵二首》。

防闲。

和鲁直韵　宋·苏轼

四句烧香偈子，随风遍满东南。不是文思所及，且令鼻观先参。
万卷明窗小字，眼花只有斓斑。一炷香烧火冷，半生心老身闲。

次韵答子瞻　宋·黄庭坚

置酒未容虚左，论诗时要指南。迎笑天香满袖，喜君先赴朝参。
迎燕温风旎旎，润花小雨斑斑。一炷烟中得意，九衢尘里偷闲。
[丹青已非前世，竹君时窥一班。五字还当靖节，数行谁是亭闲。]①

印香　宋·苏轼

子由生日，以檀香观音像、新合印香银篆盘为寿。

旃檀婆律海外芬，西山老脐柏所熏。香螺脱黡来相群，能结
缥缈风中云。一灯如萤起微焚，何时度尽缪篆文。缭绕无穷合复
分，绵绵浮空散氤氲。东坡持是寿卯君，君少与我师皇坟。旁资
老聃释迦文，共厄中年点蝇蚊。晚遇诗书②何足云，君才论道承华
勋。我亦旗鼓严中军，国恩当报敢不勤。但愿不为世所醺，尔来
白发不可耘。问君何时返乡枌，收拾散亡理放纷。此心实与香俱

---

①此四句为苏轼再答黄庭坚之诗，此处误列于黄诗之下。
②通行版，也作"斯须"。

焄，闻思大士应已闻。

后卷载东坡《沉香山子赋》亦为子由寿香。供上真上圣者，长公两以致祝，盖敦友爱之至。

沉香石　宋·苏轼

壁立孤峰倚砚长，共疑沉水得顽苍。欲随楚客纫兰佩，谁信吴儿是木肠。山下曾逢松化石，玉中还有辟邪香。早知百和皆灰烬，未信人间弱胜刚。

凝斋香　宋·曾巩

每觉西斋景最幽，不知官是古诸侯。一樽风月身无事，千里耕桑岁共秋。云水洗心鸣好鸟，玉泉清耳漱长流，沉烟细细临黄卷，凝在香烟最上头。

肖梅香　宋·张吉甫

江村招得玉妃魂，化作金炉一炷云。但觉清芬暗浮动，不知碧篆已氤氲。春收东阁帘初下，梦想江湖被更熏。真似吾家雪溪上，东风一夜隔篱闻。

香界　宋·朱熹

幽兴年来莫与同，滋兰聊欲洗光风。真成佛国香云界，不数淮山桂树丛。花气无边熏欲醉，灵芬一点静还通。何须楚客纫秋佩，坐卧经行向此中。

返魂梅次苏藉韵　宋·陈子高

　　谁道春归无觅处，眠斋香雾作春昏。君诗似说江南信，试与梅花招断魂。

　　花开莫奏伤心曲，花落休矜称面妆。只忆梦为蝴蝶去，香云密处有春光。

　　老夫粥后惟耽睡，灰暖香浓百念消。不学朱门贵公子，鸭炉烟里逞风标。

　　鼻根无奈重烟绕，偏处春随夜色匀。眼里狂花开底事，依然看作一枝春。

　　漫道君家四壁空，衣篝沉水晚朦胧。诗情似被花相恼，入我香奁境界中。

龙涎香　宋·刘子翚

　　瘴海骊龙供素沫，蛮村花露泡清滋。微参鼻观犹疑似，全在炉烟未发时。

焚香

焚香（一）　宋·邵康节

　　安乐窝中一炷香，凌晨焚意岂寻常。祸如许免人须谄，福若待求天可量。且异缁黄徽庙貌，又殊儿女裹衣裳。中孚起信宁烦祷，无妄生灾未易禳。虚室清冷都是白，灵台莹静别生光。观风御寇心方醉，对景颜渊坐正忘。赤水有珠涵造化，泥丸无物隔青苍。生为男子仍身健，时遇昌辰更岁穰。日月照临功自大。君臣庇癀效何长。非图闻道至于此。金玉谁家不满堂。

焚香（二）　宋·杨庭秀

琢瓷作鼎碧于水，削银为叶轻似纸。不文不武火力均，闭阁下帘风不起。诗人自炷古龙涎，但令有香不见烟。素馨欲开茉莉折，底处龙涎和栈檀。平生饱食山林味，不奈此香殊妩媚。呼儿急取蒸木犀，却作书生真富贵。

焚香（三）　宋·郝伯常

花落深庭日正长，蜂何撩乱燕何忙。匡床不下凝尘满，消尽年光一炷香。

焚香（四）　宋·陈去非

明窗延静昼，默坐消诸缘。即将无限意，寓此一炷烟。当时戒定慧，妙供均人天。我岂不清友，于心醒然。炉香袅孤碧，云缕霏数千。悠然凌空去，缥缈随风还。世事有过现，熏性无变迁。应是水中月，波定还自圆。

觅香

觅香（一）

罄室从来一物无，博山惟有一铜炉。而今荀令真成癖，秖欠清芳袅坐隅。

觅香（二） 宋·颜博文

王希深合和新香，烟气清洒，不类寻常，可以为道人开笔端消息。

玉水沉沉影，铜炉袅袅烟。为思丹凤髓，不爱老龙涎。皂帽真闲客，黄衣小病仙。定知云屋下，绣被有人眠。

香炉①

四座且莫喧，愿听歌一言。请说铜香炉，崔嵬象南山。上枝似松柏，下根据铜盘。雕文各异类，离娄自相连。谁能为此器，公输与鲁般。朱火燃其中，青烟飏其间。顺风入君怀，四座莫不欢。香风难久居，空令蕙草残。

博山香炉 南朝·刘绘

参差郁佳丽，合沓纷可怜。蔽亏千种树，出没万重山。上镂秦王子，驾鹤乘紫烟。下刻盘龙势，矫首半衔莲。旁为伊水丽，芝盖出岩间。复有汉女游，拾翠弄余妍。荣色何杂糅，褥绣更相鲜。麇麚或腾倚，林薄草芊眠。掩华如不发，含熏未肯然。风生玉阶树，露湛曲池莲。寒虫飞夜室，秋云漫晓天。

和刘雍州绘博山香炉诗 南朝·沈约

范金诚可则，摛思必良工。凝芳俟朱燎，先铸首山铜。环奇信岩崿，奇态实玲珑。峰礒互相拒，岩岫杳无穷。赤松游其上，

———————
①此诗为汉代乐府，作者不详。

香之书

敛足御轻鸿。蛟螭盘其下，骧首盼层穹。岭侧多奇树，或孤或复丛。岩间有佚女，垂袂似含风。翚飞若未已，虎视郁余雄。登山起重障，左右引丝桐。百和清夜吐，兰烟四面充。如彼崇朝气，触石绕华嵩。

迷香洞　史凤（宣城妓）

洞口飞琼佩羽霓，香风飘拂使人迷。自从邂逅芙蓉帐，不数桃花流水溪。

传香枕　前人

韩寿香从何处传，枕边芬馥恋婵娟。休疑粉黛加铤刃，玉女旀檀侍佛前。

十香词　出《焚椒录》

青丝七尺长，挽出内家妆；不知眠枕上，倍觉绿云香。
红绡一幅强，轻阑白玉光；试开胸探取，犹比颤酥香。
芙蓉失新艳，莲花落故妆；两般总堪比，可似粉腮香。
蝤蛴那足并？长须学凤凰；昨宵欢臂上，应惹领边香。
和羹好滋味，送语出宫商；定知郎口内，含有煖甘香。
非关兼酒气，不是口脂芳；却疑花解语，风送过来香。
既摘上林蕊，还亲御苑桑；归来便携手，纤纤春笋香。
咳唾千花酿，肌肤百和装。无非暾沉水，生得满身香。
凤靴抛合缝，罗袜解轻霜；谁将暖白玉，雕出软钩香。
解带色已战，触手心愈忙；那识罗裙内，销魂别有香。

焚香诗 元·高启

艾蒳山中品，都夷海外芬。龙洲传旧采，燕室试初焚。奁印灰萦字，炉呈玉镂文。乍飘犹掩冉，将断更氤氲。薄散春江雾，轻飞晓峡云。销迟凭宿火，度远托微熏。着物元无迹，游空忽有纹。天丝垂袅袅，地浪动沄沄。异馥来千和，祥霏却众荤。岚光风卷碎，花气日浮煮。灯炧宵同歇，茶烟午共纷。褰帏嫌放早，引匕记添勤。梧影吟成见，鸠声梦觉闻。方传媚寝法，灵着辟邪勋。小阁清秋雨，低帘薄晚曛。情惭韩掾染，恩记魏王分。宴客留鹤侣，招仙降鹤群。曾携朝罢袖，尚浥舞时群。囊称缝罗佩，篝宜覆锦熏。画堂空捣桂，素壁漫涂芸。本欲参童子，何须学令君。忘言深坐处，端此谢尘氛。

焚香 明·文徵明

银叶荧荧宿火明，碧烟不动水沉清。纸屏竹榻澄怀地，细雨轻寒燕寝情。妙境可能先鼻观，俗缘都尽洗心兵。日长自展南华读，转觉逍遥道味生。

香烟六首 明·徐渭

谁将金鸭衔依息，我只磁龟待尔灰。软度低窗领风影，浓梳高髻绾云堆。丝游不解黏花落，缕嗅如能惹蝶来。京贾渐疏包亦尽，空余红印一梢梅。

午坐焚香枉连岁，香烟妙赏始今朝。龙拏云雾终伤猛，蝎起楼台不暇飘。直上亭亭才仡立，斜飞冉冉忽逍遥。细思绝景双难比，除是钱塘八月潮。

霜沉橘竹更无他，底事游魂演百魔。函谷迎关才紫气，雪山灌顶散青螺。孤萤一点停灰冷，古树千藤泻影拖。春梦婆今何处去，凭谁举此似东坡。

苍蒩花香形不似，菖蒲花似不如香。揣摩蔚宗鼻何暇，应接王郎眼倍忙。沧海雾蒸神仗暖，峨眉雪挂佛灯凉。并依三物如堪促，促付孙娘刺绣床。

说与焚香知不知，最怜描画是烟时。阳成罐口飞逃汞，太古空中刷袅丝。想见当初劳造化，亦如此物辨恢奇。道人不解供呼吸，间香须臾变换嬉。

西窗影歇观虽寂，左柳笼穿息不遮。懒学吴儿煅银杏，且随道士袖青蛇。扫空烟火香严鼻，琢尽玲珑海象牙。莫讶因风忽浓淡，高空刻刻改云霞。

香球　前人

香球不减橘团圆，橘气香球总可怜。虮虱窠窠逃热瘴，烟云夜夜辊寒毡。兰消蕙歇东方白，炷插针牢北斗旋。一粒马牙联我辈，万金龙脑付婵娟。

木犀（鹧鸪天）　金·元好问

桂子纷翻浥露黄。桂华高静爱年芳。蔷薇水润宫衣软，婆律膏清月殿凉。

云岫句，海仙方。情缘心事两难忘。襄莲杜误秋风客，可是无尘袖里香。

龙涎香（天香） 元·王沂孙

孤峤盘烟，层涛蜕月，骊宫夜采铅水。讯远槎风，梦深薇露，化作断魂心字。红瓷候火，还乍识、冰环玉指。一缕萦帘翠影，依稀海风云气。

几回殢娇半醉，剪春灯、夜寒花碎。更好故溪飞雪，小窗深闭。荀令如今顿老，总忘却、尊前旧风味。慢惜余熏，空篝素被。

软香（庆清朝慢） 詹大游

熊讷斋请赋，且曰赋者不少，愿扫陈言。

红雨争飞，香尘生润，将春都作成泥。分明惠风微露，花气迟迟。无奈汗酥浥透，温柔香里湿云痴。偏厮称，霓裳霞佩，玉骨冰肌。难品处，难咏处，蓦然地不在。着意闻时，款款生绡，扇底嫩凉动个些儿。似醉浑无气力，海棠一色睡胭脂。甚奇绝，这般风韵，韩寿争知。

香词汇

清平乐·禁闱秋夜　唐·李白

禁帷秋夜，月探金窗罅。玉帐鸳鸯喷兰麝，时落银灯香灺。女伴莫话孤眠，六宫罗绮三千。一笑皆生百媚，宸游教在谁边？

木兰花·沉檀烟起盘红雾　宋·徐昌图

沉檀烟起盘红雾，一箭霜风吹绣户。汉宫花面学梅妆，谢女雪诗栽柳絮。长垂夹幕孤鸾舞，旋炙银笙双凤语。红窗酒病嚼寒冰，冰损相思无梦处。

应天长·绿槐阴里黄莺语　唐·韦庄

绿槐阴里黄莺语，深院无人春昼午。画帘垂，金凤舞，寂寞绣屏香一炷。

碧天云，无定处，空有梦魂来去。夜夜绿窗风雨，断肠君信否。

别来半岁音书绝，一寸离肠千万结。难相见，易相别，又是玉楼花似雪。

暗相思，无处说，惆怅夜来烟月。想得此时情切，泪沾红袖黦。

小重山·秋到长门秋草黄　唐·薛昭蕴

秋到长门秋草黄。画梁双燕去，出宫墙。玉箫无复理霓裳。金蝉坠，鸾镜掩休妆。

忆昔在昭阳。舞衣红绶带，绣鸳鸯。至今犹惹御炉香。魂梦断，愁听漏更长。

更漏子　唐·毛熙震

秋色清，河影淡，深户烛寒光暗。绡幌碧，锦衾红，博山香炷融。更漏咽，蛩鸣切，满院霜华如雪。新月上，薄云收，映帘悬玉钩。烟月寒，秋夜静，漏转金壶初永。罗幕下，绣屏空，灯花结碎红。人悄悄，愁无了，思梦不成难晓。长忆得，与郎期，窃香私语时。

望远行·碧砌花光照眼明　南唐·李煜

碧砌花光照眼明，朱扉长日镇长扃。余寒欲去梦难成，炉香烟冷自亭亭。辽阳月，秣陵砧，不传消息但传情。黄金台下忽然惊，征人归日二毛生。

踏莎行　宋·晏殊

小径红稀，芳郊绿遍，高台树色阴阴见。春风不解禁杨花，蒙蒙乱扑行人面。

翠叶藏莺，朱帘隔燕，炉香静逐游丝转。一场愁梦酒醒时，斜阳却照深深院。

卜算子·春情　宋·秦湛

春透水波明，寒峭花枝瘦。极目烟中百尺楼，人在楼中否。四和袅金凫，双陆思纤手。拟倩东风浣此情，情更浓于酒。

蝶恋花·欲减罗衣寒未去　宋·赵令畤

欲减罗衣寒未去，不卷珠帘，人在深深处。红杏枝头花几许？啼红正恨清明雨。

尽日沉香烟一缕，宿酒醒迟，恼破春情绪。飞燕又将归信误，小屏风上西江路。

思远人　宋·赵令畤

素玉朝来有好怀。一枝梅粉照人开。晴云欲向杯中起，春色先从脸上来。深院落，小楼台。玉盘香篆看徘徊。须知月色撩人恨，数夜春寒不下阶。

南歌子　宋·谢逸

雨洗溪光净，风掀柳带斜。画楼朱户玉人家。帘外一眉新月浸梨花。金鸭香凝袖，铜荷烛映纱。凤盘宫锦小屏遮。夜静寒生春笋理琵琶。

满庭芳·夏日溧水无想山作　宋·周邦彦

风老莺雏，雨肥梅子，午阴嘉树清圆。地卑山近，衣润费炉烟。人静乌鸢自乐，小桥外、新绿溅溅。凭阑久，黄芦苦竹，拟泛九江船。

年年如社燕，飘流瀚海，来寄修椽。且莫思身外，长近樽前憔悴。江南倦客，不堪听、急管繁弦。歌筵畔，先安簟枕，容我醉时眠。

浪淘沙令　金·元好问

云外凤凰箫，天上星桥，相思魂断欲谁招。瘦杀三山亭畔柳，不似宫腰。

长日篆烟消，睡过花朝，红蔷薇架碧芭蕉。雌蝶雄蜂天不管，各自无聊。

鹊桥仙　金·元好问

槐根梦觉，瓜田岁暮，白发新来无数。长安迁客望朱崖，未唤得，烟霄失路。西州芍药，南州琼树，香满云窗月户。蒺藜沙上野花开，也算却，春风一度。

西江月　金·元好问

悬玉微风度曲，熏炉熟水留香。相思夜夜郁金堂。两点春山枕上。杨柳宜春别院，杏花宋玉邻墙。天涯春色断人肠。更是高城晚望。

惜分飞·戏王鼎玉同年　金·元好问

人见何郎新来瘦，不见天寒翠袖。绣被熏香透，几时却似鸳鸯旧。九十日春花在手，可惜欢缘未久。去去休回首，柔条去作谁家柳。

博山炉铭　西汉·刘向

嘉此王气，崒岩若山。上贯太华，承以铜盘。中有兰绮，朱火青烟。

香炉铭　梁元帝

苏合氤氲，飞烟若云。时浓更薄，乍聚还分。火微难烬，风长易闻。孰云道力，慈悲所熏。

郁金香颂　古九嫔

伊此奇香，名曰郁金。越此殊域，厥弥来寻。芬芳酷烈，悦目欣心。明德惟馨，淑人是钦。窈窕淑媛，服之襟襟。永垂名实，旷世弗沉。

藿香颂　宋·江淹

桂以过烈，麝似太芬，摧沮夭寿，夭抑人文。讵如藿香，微馥微薰，摄灵百仞，养气青云。

迷迭香赋　魏文帝

播西都之丽草兮，应青春之凝晖。流翠叶于纤柯兮，结微根于丹墀。

方暮秋之幽兰兮，丽昆仑之英芝，信繁华之速逝兮，弗见凋于严霜。

既经时而收采兮，配幽兰以增芳。去枝叶而持御兮，入绡縠之雾裳。

附玉体以行止兮，顺微风而舒光。

郁金香赋传　魏晋·傅玄

叶萋萋以翠青，英蕴蕴以金黄，树庵蔼以成荫，气芬馥以含芳。

凌苏合之殊珍，岂艾蒳之足方，荣耀帝寓，香播紫宫，吐芳扬烈，万里望风。

芸香赋　魏晋·傅盛①

携昵友以逍遥兮，览伟草之敷英，慕君子之弘覆兮，超托躯于朱庭。俯引泽于丹壤兮，仰吸润乎太清。

繁兹绿叶，茂此翠茎，叶芖苁以纤折兮，枝婀娜以回萦。

象春松之含曜兮，郁蓊蔚以葱菁。

修香　南宋·陆游

空庭一炷，上达神明。家庙一炷，曾英祖灵。且谢且祈，特此而已。此而不为，吁嗟已矣。

---

①有版本也作傅咸。

香文汇

天香传　宋·丁谓

香之为用，从上古矣，可以奉神明，可以达蠲洁。三代禋享，首惟馨之荐，而沉水、熏陆无闻焉。百家传记萃众芳之美，而萧芗郁鬯不尊焉。

礼云："至敬不享味而贵气臭也。"是知其用至重，采制粗略，其名实繁而品类丛脞矣。观乎上古帝王之书、释道经典之说，则记录绵远，赞颂严重，色目至众，法度殊绝。

西方圣人曰："大小世界上下内外种种诸香。"又曰："千万种和香，若香、若丸、若末、若涂，以香花、香果、香树、诸天合和之香。"又曰"天上诸天之香"，又"佛土国名'众香'，其香比于十方人天之香，最为第一"。

道书云："上圣焚百宝香，天真皇人焚千和香，黄帝以沉榆薰莱为香。"又曰："真仙所焚之香皆闻百里，有积烟成云、积云成雨。"然则与人间所共贵者，沉香熏陆也。故经云"沉香坚株"。又曰："沉水香坚，降真之夕傍尊位而捧炉香者，烟高丈余，其色正红。得非天上诸天之香耶？"

《三皇宝斋》香珠法，其法杂而末之，色色至细，然后丛聚杵之三万，缄以银器，载蒸载和，豆分而丸之，珠贯而曝之，旦日此香焚之，上彻诸天。盖以沉水为宗，熏陆副之也。是知古圣钦崇之至厚，所以备物实妙之无极，谓变世寅奉香火之荐，鲜有废者，然萧茅之类，随其所备，不足观也。

祥符初，奉诏充天书扶侍使，道场科醮无虚日，永昼达夕，宝香不绝，乘舆肃谒则五上为礼，真宗每至玉皇、真圣、圣祖位前皆五上香。馥烈之异，非世所闻，大约以沉水、乳香为本，龙脑和剂之，此法曾禀之圣祖，中禁少知者，况外司耶？八年，掌国计而镇旄钺，四领枢轴，俸给颁赉随日而隆。故苾芬之着，特与昔异。袭庆奉祀日，赐供内乳香一百二十斤（入留副都知张继能为使）。在宫观密赐新香，动以百数（沉、乳、降真、黄速），由是私门之内，沉乳足用。

有唐杂记言：明皇时异人云："蘸席中，每爇乳香，灵祇皆去。"人至于今传之。真宗时亲禀圣训："沉、乳二香，所以奉高天上圣，百灵不敢当也，无他言。"上圣即政之六月，授诏罢相，分务西雒，寻迁海南。忧患之中一无尘虑，越惟永昼晴天，长霄垂象，炉香之趣益增其勤。

素闻海南出香至多，始命市之于闾里间，十无一假，有板官裴鹗者，唐宰相晋公中令之裔孙也，土地所宜，悉究本末，且曰："琼管之地，黎母山酋之，四部境域，皆枕山麓，香多出此山，甲于天下。然取之有时，售之有主，盖黎人皆力耕治业，不以采香专利。闽越海贾，惟以余杭船即香市。每岁冬季，黎峒待此船至，方入山寻采，州人役而贾贩尽归船商，故非时不有也。"

香之类有四，曰沉，曰栈，曰生结，曰黄熟。其为状也，十有二，沉香得其八焉。曰乌文格，土人以木之格，其沉香如乌文木之色而泽，更取其坚格，是美之至也。曰黄蜡，其表如蜡，少刮削之，黳紫相半，乌文格之次也。曰牛目与角及蹄，曰雉头、洎髀、若骨，此沉香之状。土人别曰：牛目、牛角、牛蹄、鸡头、鸡腿、鸡骨。曰昆仑梅格，栈香也，似梅树也，黄黑相半而稍坚，土人以此比栈香也。

曰虫镂，凡曰虫镂，其香尤佳，盖香兼黄熟，虫蛀及攻，腐朽尽去，菁英独存者也。曰伞竹格，黄熟香也。如竹色黄白而带黑，有似栈也。曰茅叶，有似茅叶至轻，有入水而沉者，得沉香之余气也，然之至佳，土人以其非坚实，抑之为黄熟也。曰鹧鸪斑，色驳杂如鹧鸪羽也。生结香也，栈香未成沉者有之，黄熟未成栈者有之，凡四名十二状，皆出一本。

树体如白杨、叶如冬青而小肤表也，标末也质轻而散，理疏以粗，曰黄熟。黄熟之中，黑色坚劲者，曰栈香。栈香之名相传甚远，即未知其旨，惟沉水为状也，肉骨颖脱，芒角锐利，无大小、无厚薄，掌握之有金玉之重，切磋之有犀角之劲，纵分断琐碎而气脉滋益。用之与皂块者等。鹗云："香不欲大，围尺以上虑有水病，若斤以上者，中含两孔，以下浮水即不沉矣。"

又曰："或有附于柏檗，隐于曲枝，蛰藏深根，或抱真木本，或挺然结实，混然成形。嵌如穴谷，屹若归云，如矫首龙，如峨冠凤，如麟植趾，如鸿啜翩，如曲肱，如骈指。但文理致密，光彩射人，斤斧之迹一无所及，置器以验，如石投水，此宝香也，千百一而已矣。"夫如是，自非一气粹和之凝结，百神祥异之含育，则何以群木之中，独禀灵气，首出庶物，得奉高天也？

占城所产栈沉至多，彼方贸迁或入番禺，或入大食。贵重沉栈香与黄金同价。乡耆云："比岁有大食番舶，为飓所逆，寓此属邑，首领以富有自大肆筵设席，极其夸诧。"州人私相顾曰，以赀较胜，诚不敌矣，然视其炉烟蓊郁不举、干而轻、瘠而燋，非妙也。遂以海北岸者，即席而焚之，其烟杳杳，若引东溟，浓腴湆淟，如练凝淹，芳馨之气，持久益佳。大舶之徒，由是披靡。

生结者，取不候其成，非自然者也。生结沉香，品与栈香等，生结栈香，品与黄熟等。生结黄熟，品之下也，色泽浮虚，而肌质散缓，然之辛烈，少和气，久则溃败，速用之即佳，若沉栈成香，则永无朽腐矣。

雷、化、高、窦，亦中国出香之地，比海南者，优劣不侔甚矣。既所禀不同，而售者多，故取者速也。是黄熟不待其成栈，栈不待其成沉，盖取利者戕贼之也；非如琼管皆深峒黎人，非时不妄翦伐，故树无夭折之患，得必皆异香。

曰熟香、曰脱落香，皆是自然成者。余杭市香之家，有万斤黄熟者，得真栈百斤则为稀矣。百斤真栈，得上等沉香数十斤，亦为难矣。

熏陆、乳香之长大而明莹者，出大食国。彼国香树连山络野，如桃胶、松脂，委于石地，聚而敛之。若京坻香山，多石而少雨，载询番舶则云："昨过乳香山，彼人云此山不雨已三十年。"香中带石末者，非滥伪也，地无土也。然则此树若生于涂泥则无香，不得为香矣，天地植物其有自乎？

赞曰：百昌之首，备物之先，于以相祼，于以告虔，执歆至荐，执享芳烟，上圣之圣，高天之天。

译：香的使用，自上古以来就开始了。可以用它来敬奉神明，也可以用它除秽和保持洁净。夏、商、周三代的祭祀，首推香草香花，而沉水和熏陆则没有听说过。百家传记中，荟萃了各种芬芳之物的美，而萧芗和郁鬯都还排不上很高的档次。

《礼记》中说："最高的敬奉不在于味觉的享受，而贵在气味。"由此可知，香的使用是极其重要的。粗略搜集采录，香的名目实在繁多而且品类也特别芜杂。纵观上古帝王之书、佛教道教的经典，关于香的记录都很悠久，对其赞颂颇多，品色和类目非常多，法度也非常绝妙。

西方圣人说："大小世界，上下内外，有各式各样的香料。"又说："有千万种调制香品的方法，如香、丸、末、涂，以及香花、香果、香树，诸天合和之香。"还说"天上有诸天之香"，又说"佛国还有各种名香，这些香与天上人间的种种香品比较起来，可以称得上是第一"。

道书上说："上古圣人焚烧的是百宝香，天真皇人焚烧的是千和香，黄帝则将沉榆、蒵萁当做香料使用。"又说："真仙所焚烧的香，能传播百里被人闻到，可以积烟成云，积云成雨。"但是，天上人间都认为珍贵的香物，是沉香、熏陆香，所以经书上说"沉香树是坚硬的树木"。又说："沉水香，在圣人降临的傍晚，指引神仙降临的有手捧炉香的，香烟高达一丈多，颜色呈正红色，难道不是从天上诸天之香得到的吗？"

《三皇宝斋》香珠法，这种方法是把各种香料混合在一起，研成粉末，每一种原料都研磨得很细。然后将它们聚合到一处，用杵舂三万次，再用上好的器皿封起来，反复蒸制，反复调和，最后分成豆子大小，搓成香丸。像串珠子一样把香丸串起来，放在太阳下暴晒。第二天就可以烧这种香，香气可以直达上天。大概以沉香为主，熏陆香为辅。从这本书的记载中，就可以看到古代圣贤对香品的钦佩和推崇，所以置备的香物宝贝，都是妙到极点的。人们用香火世代供奉神明，几乎没有荒废的。但是，萧茅之类的香料，随便准备多少，也不值得看重。

宋真宗祥符初年，皇帝下诏书册封天书扶侍使，大做道场，一日不停。从清晨到黄昏，宝香不断。凡乘车来拜谒的人，都要奉行五上香之礼，真宗皇帝每次到玉皇、真圣、圣祖位前，都行五上香之礼。香气馥郁浓烈的奇异景象，是世上闻所未闻的。基本上以沉香和乳香为主，加入龙脑调和。这种香方曾禀告过圣祖，但宫中其他人很少知道，更何况外司的官吏？我掌管国家大事长达八年，镇服三军，四度身居枢纽之位，领受的俸禄赏赐一天比一天多，而能够享受到的香品，和昔日也大为不同。世袭的奉祀日，皇上赐宫中所使用的乳香一百二十斤（派内侍右班副都知张继能为赐香使），在宫观中密赐的新香，动不动就以百斤计算（大多是沉香、乳香、降真、黄速香）。因此我家私宅之中的沉香和乳香也都足够使用。

有一本书叫《唐杂记》，里面说："唐明皇的时候，有一位高人异士说，打醮时，他每次点燃桌上的乳香，就能达到通灵的效果。"人们到现在还在传这件事。真宗时亲禀圣训："沉香和乳香之所以被用来供奉天圣，是因为百灵无法抗拒它们，也没有其他说法。"当仁宗皇帝接管政权六个月时，他颁布了一项圣旨，罢免我的相位，要让我分担西洛的政务，后来我又被贬到海南。在忧患之中，我反而没有了尘世俗虑，反而觉得天清气爽，每天悠闲地看云观景，越发没日没夜地沉浸在炉香的趣味中，一天比一天更甚。

素来听说海南产的香料最多，因此我下令仆人去当地的乡间采买，十种之中没有一种是假的。有个板官叫裴鹗，是唐代宰相晋公中令的后裔子孙。他到达此地后，对当地风土人情的本质和细枝末节都很了解，并且他说："琼管之地，是黎母山的领地，四周都是山谷，香料大多出自此山，为天下第一。但是，采香料要在特定的时节，卖香料也是有专人主管的，所以黎族人都在努力耕种田地治理家业，并不靠采香谋利。闽越来的海上商人，只把船开到余杭地区去做香料买卖。每年冬季，黎峒人会等余杭的船到了，才进山去采香，州政府会派人来收，然后把香全都卖给船商。因此不到这个时候，是买不到香的。"

香料有四类：沉香、栈香、生结和黄熟。根据形状的不同，又有十二种，沉香又占了其中八种，其中一种叫乌文格，当地人用它做香木格子。那里的沉香颜色像乌木。更可取的是，它是坚硬的，有极致的美。黄蜡的表面像蜡一样，稍微刮下来一点，可以看到黑色和紫色两种颜色，仅次于乌文格。因为外形相似，所以有的叫牛眼、牛角、牛蹄、鸡头、鸡腿、鸡骨。还有一种香叫昆仑梅格，有人说是栈香，形状像梅树，黄黑各一半，但略硬。当地人把它比作栈香。

还有一种叫虫漏的，那些被称为虫漏的香气都特别美。因为这种香里有黄熟的成分，被昆虫吃了，被蛇咬了，腐朽的部分都被去掉了，只剩下精华。还有一种叫伞竹格，也是黄熟，颜色像竹子，黄白但略黑，有的像栈香。还有一种叫茅叶的，像茅叶一样很轻，一入水里就下沉，有沉香的余气，烧起来香味是最好闻的。当地人觉得它不坚实，就把它贬为黄熟。还有叫鹧鸪斑的，颜色斑驳复杂，像鹧鸪羽毛。还有生结香，就是栈香还没变成沉香的，有的是黄熟香还没变成栈香的。这四大类十二种香来自一棵树。

树如白杨，叶如冬青，叶小，长在树梢。质轻又松散，质粗又稀疏的叫黄熟。黄熟里面又黑又硬的，称为栈香。栈香这个名字流传了很久，我们不知道它的主要特征。只能看它会不会沉进水里。这种香内质脱颖，有尖锐的角，无论大小、厚薄，用手掌握住它，它像金玉一样重，需要用工具打磨，因为它像犀牛角一样硬。即使碎成碎片，也是潮湿的，气脉滋润的，用起来像金属片一样。裴鹗说："香不需要很大。如果直径超过一尺，恐怕是被水泡过的。如果是一斤以上的香，中间有两个洞，放在水里也不沉。"

他还说："有的香依附于柏树和桦树，隐藏在弯曲的树枝里，或者卡在深深的根里，或者依靠树干，有的挺结实，完全成型，有的嵌在洞穴和山谷里，有的像云，其他有的像龙一样昂着头，像凤凰一样戴着冠，像麒麟的脚趾，像鸿雁的翅膀，像弯曲的手肘，或者像并在一起的手指。但是纹理致密，光彩照人，完全没有刀斧劈砍的痕迹，放在容器里检验，就像把石头扔进水里一样，这就是宝贵的香料，几千香料只能得到一个。"像这样珍贵的香，如果不是一气呵成凝聚而成的，不是百神祥异培育出来的，怎么可能在所有的树中获得灵气，从各种香物中脱颖而出，配得上供奉天地之神呢？

占城国主要出产栈香和沉香，在那里挑选出售的香，要么卖给番禺，要么进入大食国。贵重的沉香和栈香与黄金价格一样。乡下老人说："那一年，一艘来自大食国的船被大风挡住，停泊在这里，这艘船的船长依靠他的财富举办了一场宴会，排场极其夸张。"当地人私下里讨论，跟大食人比资财是不可能的。但他香炉里的烟虽然浓郁，却不直，又干又淡，又薄又焦，不是上品。于是，我们拿着在当地大海北岸出产的熏香，在宴席上焚烧。香烟袅袅，就像是从东海引来的一样，那烟雾浓郁绵长得像丝绸，芳香的气味，时间越长，香气愈美，于是大食国客船上的那些人就不敢再骄傲了。

采摘生结香的时候，不用等它成熟，所以它不是自然生成的。生结沉香和栈香品级一样，生结香的质量与黄熟香一样。生、黄熟香，品质很差，颜色虚浮，肌质很散，烧起来刺鼻，缺乏柔和的气味。时间长了就会变质，如果你尽快用，味道会好一点。如果沉香栈香已成，那再也不会腐烂了。

雷、化、高、窦四州，也是中原地区出产香料的地方。和海南产的香相比，优劣差距很大。香本身的性质之所以如此不同，是因为卖的人多，所以取香者也快。就是黄熟香还没来得及变成栈香，栈香还没来得及变成沉香，就为了盈利强行采香，对沉香出产伤害很大。但和琼地的人不同，有经验的黎族人，不到季节，不会随便采香。所以香树没有夭折的隐患，采到的香料也都是珍稀之香。

叫熟香或者脱落香的，都是自然结成的香。余杭这些地方卖香料的人家，就算有万斤黄熟，也很难从中得到百斤真栈香。而上百斤的真栈香里，得到上等沉香十几斤，也是很难的。

熏陆、乳香，形状长而大并且晶莹剔透的，通常出自大食国。那个国家的香树漫山遍野，如同桃胶、松脂一样坠落在地上，人们会把香收集起来。这里就像京城的香山，多石而少雨。我曾经问过外国商船上的人，他们说："以前去过乳香山，那里的人说，当地不下雨已经三十年了。"香料中会掺杂着石末，不是因为造假，而是因为山上没有土。然而，这种香树如果生长在烂泥里，就不可能结出香来。天地植物都有它们自然的法则吧？

有称赞说："香是万物生灵之首，祭祀神明的必备之物，只有神仙圣人、君王将相才有福分享受。"

和香序　宋·范蔚宗

麝本多忌，过分必害；沉实易和，盈斤无伤。零藿燥虚，詹糖粘湿。甘松、苏合、安息、郁金、奈多、和罗之属，并被珍于外国，无取于中土。又枣膏昏蒙，甲煎浅俗，非唯无助于馨烈，乃当弥增于尤疾也。

此序所言，悉以比类朝士："麝本多忌"，比庾炳之；"枣膏昏蒙"，比羊玄保；"甲煎浅俗"，比徐湛之；"甘松、苏合"，比惠休道人；"沉实易和"，以自比也。

译：麝香的使用本来就有很多忌讳，用太多就会有害。而沉香是平易柔和的，所以就算用了上斤的沉香也不会伤人。零陵香和藿香燥热而且虚浮，詹糖香则又黏又湿。甘松、苏合、安息、郁金、奈多、和罗之类都被外国所珍视的，在中土不太被看重。还有枣膏的香味令人昏沉迷糊，甲煎浅薄俗气，不但对于香气的优美强烈没有帮助，反而更加突出香料的缺点。

这个序上所写的话，其实都是在类比当朝的官员：麝香忌讳很多，用来类比庾景之；枣膏令人昏蒙，用来类比羊玄保；甲煎浅薄俗气，类比徐湛之；而甘松、苏合，用来类比惠休道人；至于沉香，平易柔和，其实类比的是自己。

香说　宋·程泰之

秦汉以前，二广未通中国，中国无今沉脑等香也。宗庙炳萧茅、献尚郁，食品贵椒。至荀卿氏，方言椒兰。汉虽已得南粤，其尚臭之极者，椒房、郎官以鸡舌奏事而已。较之沉脑，其等级之高下甚不类也。

惟《西京杂记》载"长安巧工丁缓作被中香炉"，颇疑已有今香，然刘向铭博山香炉亦止，曰"中有兰绮，朱火青烟"。《玉台新咏集》亦云："朱火然其中，青烟飏其间。好香难久居，空令蕙草残。"二文所赋皆焚兰蕙，而非沉脑。是汉虽通南粤，亦未有南粤香也。

《汉武内传》载西王母降蓊婴香等，品多名异。然疑后人为之汉武奉仙，穷极宫室，帷帐器用之属，汉史备记不遗，若曾制古来未有之香，安得不记？

译：秦汉以前，广东、广西和中原地区还没有互通，所以中原地区并没有现在的沉香、龙脑等香料。因此宗庙里只用萧茅，灌溉时献祭用的是郁鬯，食物里面椒就算是昂贵的了。到了荀卿那样地位的人才会谈论花椒兰草。到了汉朝，虽然已经和南粤有了通商，但当时嗅觉的极品也就是用花椒涂墙壁，郎官也只是用鸡舌香奏事而已。和沉香、龙脑之类的香品比起来，完全不是一个档次的。

只有《西京杂记》里写到，长安巧匠丁缓做了一个放在被子里面的香炉，颇有些让人怀疑那时候已经有了今天的香料。但是读到刘向铭博山香炉就停止了这种猜想，里面写"香炉中有兰花的绮丽，红色的火焰和青烟萦绕"。《玉台新咏集》也是这么说的："红色的火在其中燃烧，而青色的烟在其间飘荡，好香通常难以久留，白白的让蕙草残留下来。"被两篇文章所赞颂的都是兰草、蕙草而不是沉香、龙脑。因此，汉朝虽然和南粤有了通商关系，但是还没有得到南粤的香品。

《汉武内传》里写到，西王母降临是焚烧了婴香等名品，这种香品种很多但名称不一样。怀疑是后人为汉武帝来供奉神仙，穷奢极欲的在宫室帷帐器具里用这些香，汉史中什么都记下了，不会遗漏，如果曾经制出过这种古来未有的香品，怎么可能不记呢？

瑞香宝峰颂非序　张建

臣建谨按，《史记·龟策列传》曰："有神龟在江南嘉林中，嘉林者，兽无狼虎，鸟无鸱枭，草无毒螫，野火不及，斧斤不至，是谓嘉林。龟在其中，常巢于芳莲之上。"胸书文曰："甲子重光，得我为帝王。"观是书文，岂不伟哉。

臣少时在书室中，雅好焚香，有海上道人白臣言曰："子知沉香所出乎？"请为子言。盖江南有嘉林，嘉林者美木也，木美则坚实，坚实则善沉。或秋水泛溢，美木漂流，沉于海底，蛟龙蟠伏于上，故木之香，清烈而恋水，涛濑淙激于下故，木形嵌空而类山。

近得小山于海贾，巉岩可爱，名之瑞沉宝峰。不敢藏诸私室，谨斋庄洁，诚昭进玉陛，以为天寿圣节瑞物之献。臣建谨拜手稽首而为之颂曰：

> 大江之南，粤有嘉林。嘉林之木，入水而沉。
> 蛟龙枕之，香洌自清。涛濑漱之，峰岫乃成。
> 海神愕视，不敢闭藏。因朝而出，瑞我明昌。
> 明昌至治，如沉馨香。明昌睿算，如山久长。
> 臣老且耄，圣恩曷报。歌此颂诗，以配天保。

译：臣张建曾经在《史记·龟策列传》中读到："有一只神龟，生长在江南美好的树林里，这座树林里的野兽中没有狼虎，鸟没有鸱鸮，草没有螫毒，野火烧不到这里，刀斧也不会来这里砍伐，所以是美好的树林。这只神龟住在其中，经常把巢住在芳香的莲花上，胸前还有文字写着："甲子重光的时候，得我的人会成为帝王。"读到这样的诗文，难道不觉得很伟大吗？

臣少年时代在书房中读书的时候，很喜欢焚香，有一个海上来的道人告诉我说："你知道沉香出自哪里吗？"我请他告诉我。他说江南有美好的树林，这座树林中长有一种很美的树，这种美树质地坚实，很容易沉在水下面，每当秋水泛滥，美树就会随水漂流，然后沉进海底，蛟龙就会盘在树上，因此树木就有了香气，它的香气清烈而且恋水，波浪会冲击它，因此沉香木的形状是嵌空的，而且形状像山一样。

最近我就从海上的商人那里得到这样的一座沉香小山，形状如巍峨的山岩一般可爱，于是给它起名为"瑞沉宝峰"，不敢收藏在我自己的私房里，因此谨慎、庄重、诚心诚意的跪在玉阶上，把这宝物献给陛下您，作为您大寿圣节的祥瑞之物献上，臣张建谨拜，将手放在额下，为它写了一首颂词，是这样的：

> 大江之南，粤有嘉林。嘉林之木，入水而沉。
> 蛟龙枕之，香洌自清。涛濑漱之，峰岫乃成。

海神愕视，不敢闭藏。因朝而出，瑞我明昌。

明昌至治，如沉馨香。明昌睿算，如山久长。

臣老且耄，圣恩曷报。歌此颂诗，以配天保。

铜博山香炉赋　昭明太子[1]

方夏鼎之瑰异，类山经之俶诡，制一器而备众质，谅兹物之为侈。于时青女司寒，红光翳景，吐圆舒于东岳，匿丹曦于西岭。

翠帷已低，兰膏未屏，爇松柏之火，焚兰麝之芳，荧荧内曜，芬芬外扬，似庆云之程色，若景星之舒光。

齐姬合欢而流眄，燕女巧笑而蛾扬，刘公闻之见锡，越女惹之留香。信名嘉而器美，永为玩于华堂。

译：模仿了夏鼎的瑰丽神异，类似《山海经》中记载的奇异造型，制造出一个这样的器物，兼具了各种器物的特点，可以想象出这件器物是何等的奢侈。青女（传说中的霜雪女神）在司寒的时候，这香炉中红光闪闪，遮蔽了周围的景物，在东岳之上能发出月亮般圆润的光彩，在西岭甚至能隐匿太阳的光芒。

点缀着蕙草的帷幕已低垂，散发着兰花芬芳的香膏还未曾打开，于是以松柏点火，以兰麝焚香，炉内火光荧荧，炉外香气芬芳飘散，色如彩云，明若晨星。

齐国美丽的女子们都快乐的互相顾盼，燕国的女孩们都笑弯了眉，刘公见了激动非常，越国女子去触碰它就留下一身的芳香。此物有嘉美的名字，又有精美的造型，永远都会是华堂上珍玩的宝物。

---

[1]昭明太子：萧统（501—531），字德施，小字维摩，南朝梁代文学家，南兰陵（今江苏常州）人，梁武帝萧衍长子。

香之书

博山香炉赋　南陈·傅縡

器象南山，香传西国。丁缓巧铸，兼资匠刻。麝火埋朱，兰烟毁黑。结构危峰，横罗杂树。寒夜含暖，清霄吐雾。制作巧妙，独称珍俶。景澄明而裛篆，气氤氲长若春。随风本胜千酿酒，散馥还如乎硕人。

译：这件焚香的器具，形状像极了南山，其中所焚的香来自西域。铸造它的师傅名为丁缓，他巧妙地铸造了它，又倾注匠心来雕刻它。用麝香点燃埋在点点朱红炭火里，兰花一样馥郁的香气从黑色烟灰中袅袅上扬。这件香炉的结构像陡峭的山峰，其中夹杂着各种树木。在寒冷的夜里，它含着暖意，在清冷的良宵，它吞吐着烟雾。制作巧妙，独称珍品。景色澄明而香气袅娜，气息氤氲好像春天常驻。香味随风播远，胜过酿了一千次的美酒；芬芳的香气飘散，如同一位绝世佳人。

沉香山子赋（子由生日作）　宋·苏轼

古者以芸为香，以兰为芬，以郁鬯为裸，以脂萧为焚，以椒为涂，以蕙为熏，杜蘅带屈，菖蒲荐文。

麝多忌而本膻，苏合若香而实荤。嗟吾知之几何，为六入之所分。方根尘之起灭，常颠倒其天君。每求似于仿佛，或鼻劳而妄闻。

独沉水为近正，可以配蒈卜而并云。矧儋崖之异产，实超然而不群。既金坚而玉润，亦鹤骨而龙筋。惟膏液而内足，故把握而兼斤。顾占城之枯朽，宜爨釜而燎蚊。

宛彼小山，巉然可欣。如太华之倚天，象小孤之插云。往寿子之生朝，以写我之老憨。子方面壁以终日，岂亦归田而自耘。幸置此于几席，养幽芳于帨帉。无一往之发烈，有无穷之氤氲。盖非独以饮东坡之寿，亦所以食黎人之芹。

译：古人用芸草来做香，用兰花制造芬芳。把郁邑香酒当做平常的酒来喝，焚烧的都是脂萧，以花椒泥来涂墙壁，以蕙草来熏屋子，会把杜衡佩在衣服上，用菖蒲来装饰家门。

其实，麝香的使用是有很多禁忌的，而且本味腥膻，苏合似乎是香的，其实质属荤，用多了能使人乱性。不由得嗟叹，我辈能懂多少呢，都为世界万物分散了精力。六根六尘的起灭，常使内心的清明颠倒蒙蔽。每次得到的东西仿佛真实却又未必，就像鼻子辛苦的闻过很多味道其实并不知道它们到底是香还是臭。

只有沉香近于正味，可以把沉香与郁金香调和，用于辅助修行。沉香是海南的特产，确实超凡不同于众香。不仅坚固如金，润泽如玉，形状也似鹤骨龙筋。因为香膏充盈了木质的本体，所以虽然只有一握大小却有上斤的份量。但你再看看占城那些枯朽的土沉香，只适合拿来烧锅灶和熏蚊子。

这一座沉香婉约小巧如同一座小山，并有山的巍峨之态令人欣赏。有如太华山上倚青天，如小孤山直入云霄。所以我用它来祝贺你的生日，并表示我对你的厚意。你每日面壁读书，要不要来和我一起种地耕田呢？幸好有这座沉香小山放在书案边，让它幽幽的芳香熏着你衣服上的佩巾。它不会突然散发浓烈的气味，却有无穷无尽的温柔香气。我这被贬居到海南的东坡哥哥也没什么好东西送你贺寿，一片心意你就收下吧。

上香偈（道书）

谨焚道香、德香、无为香、无为清净自然香、妙洞真香、灵宝惠香、朝三界香，香满琼楼玉境，遍诸天法界，以此真香，腾空上奏。

焚香有偈："返生宝木，沉水奇材，瑞气氤氲，祥云缭绕，上通金阙，下入幽冥。"

译：恭谨焚熏道香、德香、无为香、无为清净自然香、妙洞真香、灵宝惠香、朝三界香。香气弥漫在琼楼玉境之中，遍布诸天法界。借这一味真香，我得以飞腾在空中，呈奏这些话给上天。

焚香有偈："返生宝木，沉水奇材，瑞气氤氲，祥云缭绕，上通金阙，下入幽冥。"

叶氏香录序

古者无香，燔柴炳萧，尚气臭而已。故香之字虽载于经，而非今之所谓香也。至汉以来，外域入贡，香之名始见于百家传记，而南番之香独后出焉。世亦罕知，不能尽之。余于泉州职事，实兼舶司，因蕃商之至，询究本末，录之以广异闻，亦君子耻一物不知之意。

译：古时候没有香，只有用来献燔祭的柴火，那时候仅仅有气味而已。因为记载在经典中的香，并不是今天所谓的香，从汉朝以来，外域的使者献上贡品，从此香的名字才开始在百家传记中被看到，而南番的香料是后来才出现的，世间罕见之物不可能全都知道。我现在在泉州当官兼管船务，因为外商到这里来，于是我就询问了这些事的始末，把它们记录在广异闻里，因为君子哪怕有一件世间之物的知识不知道，都会以此为耻。

陈氏香谱序　宋·陈敬

香者五臭之一，而人服媚之。至于为香作谱，非世官博物、尝阅舶浮海者不能悉也。河南陈氏《香谱》自中斋至浩卿，再世乃获博采；洪、颜、沈、叶诸谱具在此编，集其大成矣。

《诗》《书》言香，不过黍稷萧脂，故香之为字，从黍作甘。古者自黍稷之外，可焫者萧、可佩者兰、可鬯者郁，名为香草者无几。此时谱可无作，《楚辞》所录名物渐多，犹未取于遐裔也。汉唐以来，言香者必南海之产，故不可无谱。

浩卿过彭蠡，以其谱视钓者熊朋来俾为序。钓者惊曰：岂其乏使而及我耶？子再世成谱亦不易，宜遴序者。岂无蓬莱玉署怀香握兰之仙儒；又岂无乔木故家芝芳兰馥之世卿；岂无岛服夷言夸香诧宝之舶官，又岂无神州赤县进香受爵之少府；岂无宝梵琳房闲思道韵之高人；又岂无瑶英玉蕊罗襦芗泽之女士！凡知香者，皆使序之。若仆也，灰钉之望既穷，熏习之梦已断，空有庐山一峰以为炉，峰顶片雪以为香，子并收入谱矣。

每忆刘季和香癖，过炉熏身，其主簿张坦以为俗。坦可谓直谅之友，季和能笑领其言，亦庶几善补过者，有士如此。如荀令君至人家，坐席三日香；如梅学士每晨以袖覆炉，撮袖而出，坐定放香。是富贵自好者所为，未闻圣贤为此，惜其不遇张坦也。按礼经：容臭者，童孺所佩；茝兰者，妇女所采；大丈夫则自有流芳百世者在。故魏武犹能禁家内不得熏香，谢玄佩香囊则安石恶之。然琴窗书室不得此谱则无以治炉熏，至于自熏，知见亦存乎其人。遂长揖谢客鼓棹去，客追录为《香谱》序。

译：香，是五嗅（臊、焦、香、腥、腐）之一，人们喜爱佩戴香品。至于为香作谱，如果不是世代为官、博知事物，并且曾有乘船出海经历的人，不会知道该怎么做。河南陈氏的《香谱》，自中斋到浩卿，父子两代人才得以博采众家学说完成此书，洪、颜、沈、叶各家香谱，全都汇聚在这本书里，可谓是集大成之作。

《诗》《书》中说，香不过是黍稷油脂，因此香这个字上半截是黍，下半截是甘。在古代，除了黍稷以外，可以燃烧的东西有艾蒿，可以佩戴的有兰草，可以酿酒的有郁金草，但是叫做香草的几乎没有。这段时间几乎没有香谱，后来《楚辞》中记载的有名的香物渐渐多起来，但仍然不是从远方得到的。而汉唐以后，被称为香的东西，必定都是南海出的，所以不能没有香谱。

浩卿路过彭蠡，将这本《香谱》给垂钓者熊朋阅读，邀请他为这本书作序。垂钓者惊呼：难道都找不到可以作序的人，竟而轮到我？您家两代人方成这本香谱，真是不容易，应当谨慎地选择作序之人。难道没有蓬莱玉署中怀香握兰的仙儒吗？难道没有高门望族中内芝芳兰馥的世交官卿吗？难道没有海外岛国炫耀香料宝物的外商吗？难道没有神州赤县进香受爵的少府吗？难道没有宝殿佛寺中闲思道韵的高人吗？难道没有瑶英玉蕊、罗衣香泽的高贵淑女吗？但凡懂香之人，都可以请来为此作序。像我这种人，已经只剩下等待棺材的命了，连熏香的习惯也早就中断了。空有庐山这座山峰作为香炉，山顶片片白雪作为香品，一起收入这本香谱中。

每次回忆起刘季和，他爱香成癖，每到炉边一定要用香熏身体，他的主簿张坦认为他是个俗人。张坦真是直谏之友，刘季和总是微笑着受他的劝，也算得上是善于弥补自身过错的人了。如荀令君去别人家的时候，他坐过的席子能留香三日；再比如梅学士，他每天早晨都会将衣袖盖在香炉上，然后笼住袖口出门，坐定以后放出袖子里的香气。这是以富贵自好的人的行为，没听说哪个圣贤会这样做，可惜他们没有遇上张坦那样的朋友。若查考

《礼经》，会发现香包是孩子佩戴的东西，兰花是妇人采来佩戴的，若是大丈夫，自有德行足以流芳百世。因此，魏武帝曹操下令家中不准熏香。谢玄佩戴香囊，谢安就十分厌恶。但是琴窗书室之中，如果没有这本《香谱》，就没办法制作熏炉所用的香，或许从熏香中能增长见识，这样的人也是有的。于是，他长揖谢客，划桨离开，我就把他说的这段话追录为《香谱》序。

晦斋香谱序　宋·谢希孟

香多产海外诸番，贵贱非一。沉檀乳甲，脑麝龙栈，名虽书谱，真伪未详。一草一木，乃夺乾坤之秀气；一干一花，皆受日月之精华。故其灵根结秀，品类靡同，但焚香者，要谙味之清浊，辨香之轻重，迩则为香，迥则为馨。真洁者可达穹苍，混杂者堪供赏玩。

琴台书几，最宜柏子沉檀；酒宴花亭，不禁龙涎栈乳。故谚语云："焚香挂画，未宜俗家。"诚斯言也。余今春季，偶于湖海获名香新谱一册，中多错乱，首尾不续。读书之暇，对谱修合，一一试之，择其美者随笔录之，集成一帙，名之曰《晦斋香谱》，以传好事者之备用也。

景泰壬申立春月晦斋述。

译：香大多产自海外各国，有贵的也有便宜的。沉香、檀香、乳香、甲香、龙脑、麝香、龙涎、栈香，虽然记在《香谱》中，但难以分辨真伪。一草一木，都是夺乾坤秀气而生；一个树干一朵花，都是承受日月精华而成。因此其灵根结秀，种类都不同。但是焚香的人，要懂得香味的清与浊，辨析香气的轻与重。近距离传播的被称为香；而远距离传播的，则称为馨。真正洁净的香气可以上达苍穹，而混杂不纯的香气只堪供玩赏。

琴台书案，最适合拿来焚香的是柏子、沉香、檀香；酒宴花亭上，就忍不住会用上龙涎、栈香、乳香。因此有谚语这么说："焚香挂画，不适合俗人家。"这话很有道理。今年春天，我偶然在湖海得到名香新谱一册，其中有很多错乱的地方，首尾也无法续在一起。我在读书的闲暇中，比对香谱将其修订，而且一一尝试了其中合香的方法，选出其中最精美的香品，随笔录成，集成一本书，名为《晦斋香谱》，可以传给那些雅好香事的人备用。

　　景泰壬中年，立春月，晦斋述。

香传奇

轶事与想象

古代史，既有官修的正史，也有私家编撰的野史。

读正史自不必说，是为了学问，为了经验，为了从过去真正发生过的事中，学做人，学做事，学明哲保身，学兼济天下。读正史，是以史为镜，可以正衣冠，可以知兴替。

但正史也有它不足的部分，它通常是以统治者的意志来书写的，所以，正史几乎不可避免地有残缺，有片面。而野史作为一种历史的补充，与正史如影随形。

野史的故事通常更惊人，更有趣，更香艳或更诡谲，而且通常涉及宫闱秘闻，闺房私事。

当然野史最大的问题是它通常在民间口说笔传，难以考证其最初的来源，但民间对追逐野史乐此不疲。于是乎，野史和正史越来越难分彼此，盘根错节，一起长成参天大树，构成了我们共同的民族记忆。

元代陶宗仪曾在《南村辍耕录》中说过："稗官废而传奇作，传奇作而戏剧继。"在这个序列中，我们可以清楚地看到，传奇延续了部分野史的文化，但想象更为奇瑰华丽，野史起码讲的是历史上真实存在过的人，所说内容也不超过物理层面，但传奇就不同了，它已经不满足于只是记录人间的事，它开始虚构出人物，虚构出鬼神，虚构出超出物理世界的情节。

我记得小时候，就曾有人告诉我，桂花是一种有魔力的花，如果可以捡到足够多新鲜的桂花，用它们煮水来洗澡，身上就会一辈子带着桂花的香味。我信了，于是那个秋天，幻想成为香香公主的我，拿着一个小袋子走遍我能找到的所有桂花树，一粒一粒的认真捡起掉在地上的小小桂花，最后捡到腰酸背痛，才捡出手心大的一撮来。

香之书

回到家里，我特别认真地用桂花烧水洗了澡，幽幽的清香一直到我睡前还有，第二天我满怀兴奋的醒来，想去学校让朋友闻闻我身上的香味，可是何谈一辈子呀，一夜之间那甜美的香气就已消失无踪。

长大以后，如果再听到有人告诉我，用桂花水洗澡可以香一辈子，我八成只会付之一笑，甚至搬出一堆科学数据来反驳对方，让对方哑口无言，绝不可能再像小时候那样，怀着虔诚的心情，一颗一颗地去捡桂花了。而那种期待，那种单纯的快乐，再也不可能找回来了。

于是当我捧读着《香乘》和《香谱》中的这些传奇故事时，好多次我觉得童年时光又倒流回来了。看到《香乘》里说，王昭君曾经洗过手的溪水，到现在还是香的；杨贵妃出的汗，落在罗帕上会变成朵朵桃花，一边知道这不可能是真的，一边又觉得这些故事，天真又美丽。

这些传奇的价值远不止于天真或美丽，它们是想象力飞翔的起点，直到今天，故事的形式早已花样翻新，层出不穷，言情、武侠、玄幻、悬疑……而它们的发源地，最初生长的地方，都有传奇的影子。

选在本书中的关于香的传奇故事，它们来自数十本笔记的汇编，这些笔记最早起源于东晋，最晚到明代崇祯年间，跨度长达1300年以上。哪怕是最晚出现的传奇，离我们现在也已有近千年，那时的简单传奇在漫长的时光中，成为之后很多伟大作品灵感的母题。

正如古希腊神话看似简单，但直到如今，还是能够和当下的生活呼应，产生奇妙的化学反应，揭示人间永恒不变的道理，其实传奇也是如此，它不仅仅是那个时代的故事，而是一个个被埋在故纸堆的巨大宝藏，等待着你来阅读，赋予它新的诠释和新的生命力。

香传奇·皇室

沉香火山

隋炀帝每至除夜殿前诸院设火山数十车，尽沉香木根也。每一山焚沉香数车，以甲煎沃之，焰起数丈，香闻数十里。一夜之中用沉香二百余乘，甲煎二百余石，房中不燃膏火，悬宝珠一百二十以照之，光比日。——《香乘》，引自《杜阳杂编》

译：隋炀帝的时代，每到除夕夜，他就会在殿前每个院子里设火山，还会准备几十车的沉水香，全是沉香木根。每座火山都要烧掉几车的沉香，还要浇上甲煎，让火焰燃起几丈之高，香气在几十里之外都能闻到。一个晚上要用掉两百多车沉香，甲煎两百多石，房间里不用任何油脂点火照明，而是悬挂一百二十颗宝珠，宝珠亮得就像白昼正午时的日光。——《香乘》，引自《杜阳杂编》

沉香为龙

马希范构九龙殿，以沉香为八龙，各长百尺，抱柱相向，作趋捧势，希范坐其间，自谓一龙也。幞头脚长丈余，以象龙角。凌晨将坐，先使人焚香于龙腹中，烟气郁然而出，若口吐然。近古以来诸侯王奢僭未有如此之盛也。——《香乘》，引自《续世说》

译：五代十国时期南楚君主马希范构建九龙殿，用沉香制成八条龙，各长百尺绕柱相向，作趋捧状，马希范坐在八龙之间，自称一龙。所戴幞头硬脚长达丈余，用来模拟龙角的样子。凌晨即将坐殿之时，先让人在龙腹中焚香，烟气郁然而出，就像是从龙嘴里吐出的一样。近古以来，诸侯王奢侈僭越，没有像这样极盛的。——《香乘》，引自《续世说》

屑沉水香末布象床上

石季伦屑沉水之香如尘末，布象床上，使所爱之姬践之，无迹者赐以珍珠百琲，有迹者节以饮食，令体轻弱。故闺中相戏曰："尔非细骨轻躯，那得百琲珍珠"。——《香乘》，引自《拾遗记》

译：西晋时的富豪石崇将沉水香制成粉末，铺在象牙床上，让他素日所爱的姬妾在上面踩踏。没有留下痕迹的赏赐珍珠百串，留下痕迹的则令她们节制饮食，使身体轻弱。故而，石家姬妾在闺中互相戏谑说："没有细骨轻躯，哪里能得到那珍珠百串呢？"——《香乘》，引自《拾遗记》

桑木根可作沉香想

裴休得桑木根，曰："若非沉香想之，更无异相，虽对沉水香反作桑根想，终不闻香气，诸相从心起也。"——《香乘》，引自《常新录》

译：唐朝一位叫裴休的名相，他得到一条桑木根，说："如果你想象这条桑木根，真正把它当做沉香，对你来说它就与沉香无异，而你如果拿着沉香，却想着这就是一条桑木根，你就怎么也闻不到它的香气，所以说，世间万象都是从心而出。"——《香乘》，引自《常新录》

沉香似芬陀利华

显德末进士贾颙于九仙山遇靖长官，行若奔马，知其异，拜而求道，取箧中所遗沉水香焚之，靖曰："此香全类斜光下等六天所种芬陀利华，汝有道骨而俗缘未尽。"因授炼仙丹一粒，以柏子为粮，迄今尚健。——《香乘》，引自《清异录》

译：后周显德末年，进士贾颙在九仙山遇见了唐代名臣李靖，李靖行走之间，如快马奔驰。贾颙知道其中有异，拜而求道，并取出竹箱中剩余的沉水香焚烧。李靖说："这沉水香与在斜光下生长六天的芬陀利华完全一样。你这个人有道骨，但是尘缘未了。"于是李靖授了他一颗仙丹，让他以柏子为食。直到如今，贾颙的身体还很健康。——《香乘》，引自《清异录》

沉香板床

沙门支法存有八尺沉香板床，刺史王淡息切求不与，遂杀而籍焉。后淡息疾，法存出为祟。——《香乘》，引自《异苑》

译：晋代医僧支法存有一张长达八尺的沉香板床。刺史王淡息一心想要得到它，而支法存又不肯给他。于是王淡息杀了支法存和他的全族，得到板床。之后，王淡息便得了重病，因支法存的灵魂在作祟。——《香乘》，引自《异苑》

香之书

沉香煎汤

丁晋公临终前半月已不食，但焚香危坐，默诵佛经。以沉香煎汤时时呷少许，神识不乱，正衣冠，奄然化去。——《香乘》，引自《东轩笔录》

译：宋真宗时宰相丁晋公临终前的半个月里，已经吃不了食物。只能一整天焚香危坐，默诵佛经。他以沉香煎汤，不时呷服少许。神志保持不乱，衣冠端正，奄然逝世。——《香乘》，引自《东轩笔录》

沉番烟结七鹭鸶

有浙人下番，以货物不合，时疾疢遗失，尽倾其本，叹息欲死。海容同行慰勉再三，乃始登舟，见水濒朽木一块，大如钵，取而嗅之颇香，谓必香木也，漫取以枕首。抵家，对妻子饮泣，遂再求物力，以为明年图。

一日邻家秽气逆鼻，呼妻以朽木爇之，则烟中结作七鹭鸶，飞至数丈乃散，大以为奇，而始珍之，未几，宪宗皇帝命使求奇香，有不次之赏。其人以献，授锦衣百户，赐金百两。识者谓沉香顿水，次七鹭鸶日夕饮宿其上，积久精神晕人，因结成形。——《香乘》，引自《广记异编》

译：有个浙江商人出海经商，因为选的货物不合时宜，导致本钱全部赔光，于是唉声叹气，一副想要跳海寻死的模样，同行的人再三劝慰他，他才肯上船，他看到水上漂着一块朽坏的木头，有钵那么大，捞起来一闻很香，说这必定是某种香木，于是就随便拿来当枕头。回到家里，他对妻子哭诉，希望再重新置办货物，明年打算再出海拼一把。

有一天，邻居家发出非常难闻的污秽之气，于是他让妻子把那块朽木点燃祛除臭味，结果朽木燃烧出的烟结成了七只鹭鸶的形状，飞出几丈远才散去，他大为惊奇，从此非常珍爱这块香木。没过几年，宪宗皇帝派使者求珍奇香料，并有很重的赏赐，这个人就把香木呈献给皇帝，就被赐了锦衣卫百户的职位，还赐黄金一百两。后来，有认识这种香木的人告诉他，这是沉香，生在水边，因为有七只鹭鸶日夜在上面食宿，天长地久，鹭鸶的精神化进香木之中，所以焚烧时就能结成鹭鸶形状的烟雾了。——《香乘》，引自《广记异编》

檀香屑化为金

汉武帝有透骨金，大如弹丸，凡物近之便成金色，帝试以檀香屑共裹一处，置李夫人枕旁，诘旦视之，香皆化为金屑。——《香乘》，引自《拾遗记》

译：汉武帝有枚透骨金，有弹丸那么大。不管是什么物体一旦靠近它，都会变成金色。汉武帝试着将檀香屑与透骨金包裹在一起，放在李夫人的枕头边，第二天日出后察看，香屑全都变成了金屑。——《香乘》，引自《拾遗记》

白檀香龙

唐玄宗尝诏术士罗公远与僧不空同祈雨，校功力。具诏问之，不空曰："臣昨焚白檀香龙。"上命左右掬庭水嗅之，果有檀香气。——《香乘》，引自《酉阳杂俎》

译：唐玄宗曾经下诏，命令术士罗公远和僧人不空一起祈雨，想比较二人功力高低。后来果然下雨了，玄宗把两个人都找来问询，不空说："臣昨日祈雨的时候，焚烧的是白檀香龙。"玄宗就命令左右侍卫掬来庭中的雨水，一闻果然有檀香的味道。——《香乘》，引自《酉阳杂俎》

云檀香架

宫人沈阿翘进上白玉方响，云："本吴元济所与也。"光明皎洁，可照十数步，其犀槌亦响犀也。凡物有声，乃响应其中焉。架则云檀香也，而又彩若云霞之状，芬馥着人，则弥月不散，制度精妙，固非中国所有者。——《香乘》，引自《酉阳杂编》

译：宫人沈阿翘进贡了一个白玉磬，说："这本是唐宪宗时，叛将吴元济送给我的东西。"白玉磬本身光明皎洁，方圆十数步的范围都可以照得清清楚楚。用犀牛角做的槌子，也叫作响犀。一旦有物体发出声响，它也跟着作响。所用支架，是云檀香做的，画成云霞的形状。香气沾到人身上，经月不散。其制作工艺极其精妙，一看就知道不是中原出产之物。——《香乘》，引自《酉阳杂编》

含鸡舌香

桓帝时，侍中刁存年老口臭，上出鸡舌香与含之。鸡舌颇小辛螫，不敢咀咽，嫌有过，赐毒药。归舍辞决，家人哀泣，莫知其故。僚友求舐其药，出口香，咸嗤笑之。——《香乘》

译：汉桓帝刘志在位时，侍中刁存年老有口臭。汉桓帝便拿出鸡舌香，让他含在嘴里。鸡舌有点辛烈涩口，所以他不敢咀嚼吞咽，怀疑是因为自己犯了什么过错，被皇帝赐了毒药。回到家里，和家人辞诀，哭得死去活来，别人都不知道是什么缘故。同僚请他把含在口中的药吐出来。一看，原来是鸡舌香，就都纷纷嘲笑他。——《香乘》

烧安息香咒水

襄国城堑水源暴竭，西域佛图澄坐绳床，烧安息香，咒愿数百言，如此三日，水泫然微流。——《香乘》，引自《高僧传》

译：襄国（今河北邢台）的护城河水源枯竭。有西域僧人佛图澄坐在胡床（可以折叠的轻便坐床）上，焚烧安息香，念了数百句咒语，一连三天如此，河水泫然微流。——《香乘》，引自《高僧传》

郁金香手印

天竺国婆陀婆恨王，有宿愿，每年所赋细缕并重叠积之，手染郁金香，拓于缕上，千万重手印即透。丈夫衣之，手印当背，妇人衣之，手印当乳。——《香乘》，引自《酉阳杂俎》

译：天竺国有个婆陀婆恨王，他发了一个宿愿，要把每年征收的细布，全部层层堆放在一起。然后自己手染郁金香，印在布上，虽然有千万层布，手印盖在上面就立刻透过去。然后这个国家的男人拿这个布来做衣服，手印就盖在背上；女子穿着它，手印就盖在胸前。——《香乘》，引自《酉阳杂俎》

龙脑香藉地

唐宫中每欲行幸，即先以龙脑、郁金涂其地。——《香乘》，

引自《方胜略》

译：唐代宫中，皇上想要宠幸某个妃子，就先用龙脑香、郁金香涂抹那个宫殿的地面。——《香乘》，引自《方胜略》

瑞龙脑香

天宝末，交趾国贡龙脑，如蝉蚕形。波斯国言：乃老龙脑树节方有，禁中呼为瑞龙脑。上惟赐贵妃十枚，香气彻十余步。

上夏日尝与亲王弈棋，令贺怀智独弹琵琶，贵妃立于局前观之。上数枰上子将输，贵妃放康国猧子于座侧，猧上局，局子乱，上大悦。

时风吹贵妃领巾于贺怀智巾上，良久，回身方落。怀智归，觉满身香气非常，乃卸幞头贮于锦囊中。及上皇复宫阙，追思贵妃不已，怀智乃进所贮幞头，具奏前事。上皇发囊，泣曰："此瑞龙脑香也。"——《香乘》，引自《酉阳杂俎》

译：唐玄宗天宝末年，交趾国进贡了一种龙脑香，形状很像蝉和蚕。听波斯人说，只有老龙脑树的树节里能长出这样的香，宫廷里面称它为"瑞龙脑"，皇上只赏赐了杨贵妃十枚瑞龙脑，并没有给别人，杨贵妃用了这香，香气能飘散十几步之远。

到了夏天，唐玄宗与亲王下棋，让贺怀智在一边弹琵琶，杨贵妃则站在棋盘边观战。唐玄宗落了几枚棋子后，眼看就要输棋，杨贵妃立刻把怀中的狗放到座位上，狗爬上棋盘，把棋子搅乱，玄宗龙颜大悦。

就在贵妃放狗的时候，一阵微风将杨贵妃的领巾吹到了贺怀智的头巾上，过了好一阵子，贵妃转身，领巾才落下来。贺怀智回家以后，感觉身上的香气非比寻常，于是摘下头巾，珍藏在锦囊里。安史之乱马嵬坡事变以后，唐玄宗作为太上皇返回宫中，他日夜思念死去的杨贵妃，于是贺怀智就将自己珍藏的头巾进献给玄宗，奏明这件头巾的往事。玄宗打开锦囊，哭着说道："是啊，这就是瑞龙脑的香气啊！"——《香乘》，引自《酉阳杂俎》

食龙脑香

宝历二年，浙东贡二舞女，冬不纩衣，夏不汗体。所食荔枝、榧实、金屑、龙脑香之类。宫中语曰："宝帐香重重，一双红芙蓉。"——《香乘》，引自《杜阳杂编》

译：唐敬宗宝历二年，浙东进献了两名舞女，这两名女子冬天不用穿棉衣，夏天身上不出汗，平时吃的都是荔枝、香榧子、金屑、龙脑香之类的东西。当时宫中有句诗就是写她俩的："宝帐香重重，一双红芙蓉。"——《香乘》，引自《杜阳杂编》

瓜忌麝

瓜恶香，香中尤忌麝。郑注太和初赴职河中，姬妾百余骑，香气数里，逆于人鼻，是岁自京至河中所过路，瓜尽死，一蕾不获。——《香乘》，引自《酉阳杂俎》

广明中巢寇犯关，僖宗幸蜀。关中道傍之瓜悉萎，盖宫嫔多带麝香，所熏皆萎落耳。——《香乘》，引自《负暄杂录》

译：瓜类植物最忌讳香料，而各种香料中，尤其忌讳麝香。在唐文宗太和初年，太医郑注前往河中任职，他的姬妾有一百多人都骑马随行，香气飘散出好几里地，直扑人鼻子。也就是这一年，从京城到河中，但凡郑家所经过的路上，瓜类植物全都枯死，连一个果子也没有收获。——《香乘》，引自《酉阳杂俎》

还有，在唐僖宗广明年间，因为黄巢军进犯关中，唐僖宗就跑到蜀中去避难。关中道路附近的瓜全都枯萎了，因为宫中妃嫔大多佩带麝香，只要被麝香熏到的瓜都枯萎坠落了。——《香乘》，引自《负暄杂录》

赐苏合香酒

王文正太尉气羸多病，真宗面赐药酒一瓶，令空腹饮之，可以和气血、辟外邪，文正饮之，大觉安健，因对称谢，上曰："此苏合香酒也，每一斗酒以苏合香丸一两同煮，极能调五脏，却腹中诸疾，每胃寒夙，兴则饮一杯。"因各出数榼赐近臣，自此臣庶之家皆效为之，苏合香丸因盛行于时。——《香乘》，引自彭乘《墨客挥犀》

译：北宋太尉王文正气弱多病，宋真宗赐了他一瓶药酒，让他空腹喝，能调和气血、辟除外邪。王文正喝了药酒以后，顿感身体好了很多，因此感谢真宗。真宗皇帝说："这是苏合香泡制的酒，每一斗酒中加一两苏合香丸，一同煮制而成。此酒对调理五脏，去除腹内各种疾病很有功效。以后再有胃寒发作，就在早上起床后喝上一杯。"真宗又拿出几瓶苏合香酒，分别赐给近臣。从此以后，坊间开始纷纷效仿制作这种酒，苏合香丸由此盛行一时。——《香乘》，引自彭乘《墨客挥犀》

坐处余香不歇

赵飞燕杂熏诸香，坐处则余香，百日不歇。——《香乘》

译：赵飞燕把各种香料混合熏焚。因此，她坐过的地方，总会留下香气，百日不散。——《香乘》

香闻十里

隋炀帝自大梁至淮口，锦帆过处，香闻十里。——《香乘》，引自《炀帝开河记》

译：隋炀帝从大梁（今河南开封）到淮口。他的龙船装饰极其奢华，十里都能闻到香气。——《香乘》，引自《炀帝开河记》

助情香

唐明皇正宠妃子，不视朝政。安禄山初承圣睐，因进助情花香百粒，大小如粳米，更色红。每当寝之际，则含香一粒，助情发兴，筋力不倦。帝秘之曰，此亦汉之慎恤胶也。——《香乘》，引自《天宝遗事》

译：唐明皇最宠爱杨贵妃的那阵子，终日不理朝政。安禄山刚刚获得皇帝宠信时，他就进献助情花香上百粒，这种香如同粳米大小，颜色艳红。每当睡觉之前，只要含服一粒助情香，就能令人兴奋，精力充沛，男女之情，不觉疲倦。唐明皇秘密地珍藏这种香料，说："这等于是汉代的慎恤胶（一种古老的春药）啊。"——《香乘》，引自《天宝遗事》

浓香触体

宝历中，帝造纸箭、竹皮弓，纸间密贮龙麝末香。每宫嫔群聚，帝躬射之，中者浓香触体，了无痛楚。宫中名风流箭，为之语曰："风流箭中的人人愿。"——《香乘》，引自《清异录》

译：唐敬宗宝历年间，皇帝用纸来造箭，用竹皮来制弓，并且在纸里藏了龙麝香的粉末。每当宫中妃嫔聚集的时候，唐敬宗就拿出这种弓箭来玩，中箭的妃嫔会立刻全身充满浓烈的香气，却没有痛楚的感觉。宫里的人把这种箭称为"风流箭"，并且都说："能够被风流箭射中，是每个人的心愿。"——《香乘》，引自《清异录》

月麟香

玄宗为太子时，爱妾号鸾儿，多从中贵董逍遥微行，以轻罗造梨花散蕊，裹以月麟香，号袖里春，所至暗遗之。——《香乘》，引自《史讳录》

译：当唐玄宗还是太子时，有一名爱妾，名叫鸾儿。她经常跟着当时极有权势的太监董逍遥微服出行。她用质量上乘的软布做成梨花散蕊的形状，把月麟香藏在其中，称之为"袖里春"。在所经行的地方，暗暗地遗留下这种香气。——《香乘》，引自《史讳录》

香孩儿营

宋太祖匡胤生于夹马营，赤光满室，营中异香，人谓之香孩儿营。——《香乘》，引自《稗雅》

译：宋太祖赵匡胤出生于河南洛阳的夹马营。他降生的时候，红光满室，营中充满不寻常的香气。人们便把此处叫做香孩儿营。——《香乘》，引自《稗雅》

祈雨香

太祖高皇帝欲戮僧三千余人，吴僧永隆请焚身以救免，帝允之，令武士卫其龛。隆书偈一首，取香一瓣，上书"风调雨顺"四字，语中侍曰："顺语陛下，遇旱以此香祷雨必验。"乃秉炬自焚，骸骨不倒，异香逼人，群鹤舞于龛顶，上乃宥僧众。

时大旱，上命以所遗香至天禧寺祷雨。夜降大雨，上喜曰："此真永隆雨。"上制诗美之。永隆，苏州尹山寺僧也。——《香乘》，引自《翦胜野闻》

译：明太祖朱元璋曾经打算屠杀三千多名僧侣，当时吴地有一位僧人名叫永隆，他情愿自焚，以救下其他僧众的性命。朱元璋允许了他的请求，于是下令武士去看守他自焚的龛室。永隆写了一首偈词，又取了一片香，上书"风调雨顺"四个字，并对宫里派来的侍卫说："麻烦你转告陛下，如果未来遇到大旱之年，就用这个香来祈雨，一定会灵验。"说完永隆就手持火炬自焚了，自焚之后，他的骸骨居然不倒，奇异的香气扑鼻而来，成群的仙鹤在龛顶飞舞不息，皇帝也因此赦免了那三千多名僧侣。

后来果然遇到大旱，太祖就命人把永隆所遗留下的那片香送到天禧寺去祈雨，当天夜里就降下了大雨。太祖嘉奖说："这是真正的永隆之雨啊。"并且还写诗赞美此事。这位自焚的永隆，是来自苏州尹山寺的僧人。

西国献香

汉武帝时，弱水西国有人乘毛车，以渡弱水来献香者。帝谓是常香，非中国之所乏，不礼，其使留久之。帝幸上林苑，西使至乘舆间，并奏其香，帝取之看，大如燕卵三枚，与枣相似。帝不悦，以付外库。

后长安中大疫，宫中皆疫病，帝不举乐，西使乞见，请烧所贡香一枚，以辟疫气。帝不得已，听之。宫中病者登日并瘥，长安百里咸闻香气，芳积九十余日，香犹不歇，帝乃厚礼发遣饯送。——《香乘》，引自张华《博物志》

译：汉武帝时，弱水西国有人坐着橇车渡过弱水献香。汉武帝只当作这是寻常的香料，不以为奇，因此并不待见献香的人，将其滞留良久。有次，武帝游幸上林苑时，有西国使者同行，再奏其进献的香料。武帝拿过来一看，这香料有三枚燕卵那么大，形状像枣。武帝不悦，就交给外库收藏。

后来，长安城中流行疫病，宫中的人也都染上了疫病，武帝也停止了各种歌舞娱乐。这时，西国使者乞求晋见，请汉武帝焚烧一枚他所进献的香料，用来辟除疫气。武帝不得已只好听从了他的请求。果然，宫中患病的人即日痊愈。长安城中，方圆百里之内，都能闻到香气。九十多天后，香气仍不消退。

于是，武帝重赏了使者，为他送行，发遣其归国。——《香乘》，引自张华《博物志》

返魂香

聚窟州有大山，形如人鸟之象，因名为人鸟山。山多大树，与枫木相类而花叶香闻数百里，名为返魂树。扣其树亦能自作声，声如群牛吼，闻之者皆心震神骇。伐其木根心，于玉釜中煮取汁，更微火煎，如黑饧状，令可丸之，名曰惊精香，或名震灵香，或名返生香，或名震檀香，或名人鸟精，或名却死香，一种六名。斯灵物也，香气闻数百里，死者在地，闻香气即活，不复亡也。以香熏死人，更加神验。

延和三年，武帝幸安定，西胡月支国王遣使献香四两，大如雀卵，黑如桑椹。帝以香非中国所有，以付外库。使者曰："臣国去此三十万里，国有常占：东风入律，百旬不休；青云干吕，连月不散者，当知中国时有好道之君。我王固将贱百家而好道儒，薄金玉而厚灵物也，故搜奇蕴而贡神香，步天林而请猛兽，乘毳车而济弱渊，策骥足以度飞沙，契阔途遥，辛劳蹊路，于今已十三年矣，神香起夭残之死疾，猛兽却百邪之魅鬼。"又曰：灵香虽少，斯更生之，神丸疫病灾，死者将能起之，及闻气者即活也。芳又特甚，故难歇也。后建元元年，长安城内病者数百，亡者大半。帝试取月支神香烧于城内，其死未三月者皆活，芳气经三月不歇，于是信知其神物也。乃更秘录余香，后一旦又失，捡函封印如故，无复香也。——《香乘》，引自《十州记》

译：聚窟州有座大山，形状像人鸟，因而得名人鸟山。山中有许多大树，长得像枫树，花叶发出来的香气，几百里以外也能闻到，这种树叫返魂树。敲击时，树木会发出群牛吼叫一般的声响，听到这种声音的人心惊神摇。树砍倒后，把树木的根心放入玉釜中煎煮出汁液，再用文火煎制成黑粒状，搓成香丸，就叫惊精香，又叫震灵香，也叫返生香，或叫震檀香，也可以叫人鸟精，也有人叫它却死香。一种香，能有六个名字，这实在算是灵异之物啊！这种香的香气数百里之内都能闻到，葬下的死人闻到香气，都能复活。用这种香来熏死人，更加神奇灵验。

延和（征和）三年，武帝前往安定，西域月支国国王派遣使者献上香料四两，有鸟蛋那么大，颜色如桑椹一般黑。武帝认定这种香不是中原缺乏之物，便交给外库保管。使者说："敝国距此三十万里，国有常占，东风入律（春风和畅，律吕调协），百旬（十天为一旬）不休；青云干吕（一种吉祥的征兆），数月不散，就知道中原现在有好道的君主。我国国王一向轻视百家，崇兴道儒，轻视金玉，却珍惜灵物。故而搜求奇蕴，进贡神香。步入天林，擒获猛兽；乘撬车，渡弱水；策马飞驰，穿过沙漠。路途遥远，道路多艰，至今已走了十三年。神香能治愈各种致人于死地的疾病，能驱退猛兽和邪魅鬼怪。"又说："神香的分量虽然少，但用它制成神奇的丸药，能使疫病灾祸死去的人回生。闻到香气的人，能活过来。香气又特别浓，难以消散。"

到建元元年，长安城内有数百人染上疫病，死了大半，武帝试着取来月支神香，在城内焚烧。三个月以内死去的人，都复活了过来。芬芳的香气，历经三个月也不散去。汉武帝这才相信这确实是神物，就秘藏剩余的香料。后来，由于一时失于检点，香函上的封印依旧，香却没有了。——《香乘》，引自《十州记》

返魂香引见先灵

大同主簿徐肇遇苏氏子德哥者，自言善为返魂香。手持香炉，怀中以一贴如白檀香末撮于炉中，烟气袅袅直上，甚于龙脑。德哥微吟曰："东海徐肇欲见先灵，愿此香烟用为引导，尽见其父母、曾、高。"德哥曰："但死经八十年以上者则不可返矣。"——《香乘》，引自洪刍《香谱》

译：司天监主簿徐肇，遇到苏氏之子德哥。德哥自称擅长制作返魂香，他手持香炉，从怀中取出一贴像白檀香末的东西放入香炉中，烟气袅袅直上，胜于龙脑。德哥微吟："东海的徐肇，想见到先人的魂灵，就以此烟气引导，见到其父母、曾祖、高祖。"德哥又说："但凡死了有八十年以上的人，则见不着。"——《香乘》，引自洪刍《香谱》

百和香

武帝尝修除宫掖，燔百和之香，张云锦之帷，燃九光之灯，列玉门之枣，酌葡萄之酒，以候王母降。——《香乘》，引自《汉武外传》

译：汉武帝曾让人修葺皇宫，焚熏百和香，打开云锦帷幕，点燃九光灯，陈列玉门枣，酌葡萄美酒，等待王母降临。——《香乘》，引自《汉武外传》

蔷薇香

汉光武建武十年，张道陵生于天目山。其母初梦大人自北魁星中降至地，长丈余，衣绣衣，以蔷薇香授之。既觉，衣服居室皆有异香，经月不散，感而有孕。及生日，黄云笼室，紫气盈庭，室中光气如日月，复闻昔日之香，浃日方散。——《香乘》，引自《列仙传》

译：汉光武建武十年，道教天师张道陵出生于天目山，他的母亲最初梦见有巨人从北魁星中降临至地面，此人长约丈余，身着锦绣衣裳，赠送给她蔷薇香。她醒来之后，衣服和房间都有奇异的香气，过了一个月，仍不散去，之后她便感而受孕。到了生产那一日，黄云笼罩产室，紫气充盈院子，房子里光亮如同日月，她再次闻到之前那种香味，十天以后，香气方才散去。——《香乘》，引自《列仙传》

蘅芜香

汉武帝息延凉室，梦李夫人授帝蘅芜香。帝梦中惊起，香气

犹着衣枕间，历月不歇，帝谓为"遗芳梦"。——《香乘》，引自
《拾遗记》

译：汉武帝在延凉室中歇息，梦到李夫人将蘅芜香赠送给
他。武帝从梦中惊醒，衣枕之间，香气依然，历经数月不散。武
帝称其为遗芳梦。——《香乘》，引自《拾遗记》

茵墀香

汉灵帝熹平三年，西域国献茵墀香。煮为汤，辟疠。宫人以
之沐浴，余汁入渠，名曰流香渠。——《香乘》，引自《拾遗记》

译：汉灵帝熹平三年，西域国进献茵墀香。煮成汤汁，可以
治疗传染病。宫人用它来沐浴，用完的汤汁倒入渠中，名为"流
香渠"。——《香乘》，引自《拾遗记》

百濯香

孙亮作绿琉璃屏风，甚薄而莹彻，每于月下清夜舒之。常宠
四姬，皆振古绝色，一名朝姝，二名丽居，三名洛珍，四名洁华。

使四人坐屏风内，而外望之了无隔碍，惟香气不通于外。为
四人合四气香，殊方异国所出，凡经践蹑、宴息之处，香气沾
衣，历年弥盛，百浣不歇，因名曰百濯香。或以人名香，故有朝
姝香、丽居香、洛珍香、洁华香。亮每游，此四人皆同与席来
侍，皆以香名前后为次，不得乱之，所居室名"思香媚
寝"。——《香乘》，引自《拾遗记》

译：东吴的第二个皇帝孙亮，他曾经做了一个绿琉璃屏风，
非常薄，而且晶莹剔透。孙亮常在清雅的月夜里打开这架屏风，
他有四个宠爱的姬妾，都是自古以来少见的绝色佳人：第一个名

叫朝姝，第二个名叫丽居，第三个名叫洛珍，第四个名叫洁华。

孙亮曾经让四名姬妾坐在屏风里，从外面看，透明得就像没有屏风隔着一样，只是美人身上的香气不能流通到外面。孙亮专门为这四名姬妾调和了四气香，这是一种出自异国的特殊香方。用过此香之后，凡是四人经过及休息之处都会染上香气，衣服一旦沾染过这种香气，就算经过很多年，还一样能闻到，就算洗过百次，香气依然不散，所以起名为"百濯香"。也有人说，孙亮用姬妾的名字来为香品取名，故而有朝姝香、丽居香、洛珍香、洁华香之名。孙亮每次出游，四人都与他同席侍奉，用香的名字决定座次的前后，不得混乱。四人所居之室，名为"思香媚寝"。——《香乘》，引自《拾遗记》

香玉辟邪

唐肃宗赐李辅国香玉辟邪二，各高一尺五寸，奇巧殆非人间所有。其玉之香可闻于数百步，虽锁于金函石匮，终不能掩其气。或以衣裾误拂，则芬馥经年，纵浣濯数四，亦不消歇。

辅国尝置于座侧，一日方巾栉，而辟邪忽一大笑一悲号。辅国惊愕失据，而輠然者不已，悲号者更涕泗交下。辅国恶其怪，碎之如粉。其辅国所居里巷酷烈，弥月犹在，盖舂之为粉而愈香故也。

不周岁而辅国死焉。初碎辟邪时，辅国嬖孥慕容宫人知异常香，尝私隐屑二合，鱼朝恩以钱三十万买之。及朝恩将伏诛，其香化为白蝶，升天而去。——《香乘》，引自《唐书》

译：唐肃宗曾经赐给李辅国两尊香玉辟邪（一种神兽）的雕像，各高一尺五寸，工艺非常巧妙，不像是人间的产物。那玉有浓烈的香气，数百步之外都能闻到。就算收藏在金盒子、石匣子

香之书

里面，都不能掩盖它的香气。如果谁的衣角不小心拂过香玉，上面的芬芳馥郁之气就会经年不散，哪怕洗了很多次，香气也不会消失。

李辅国曾把这两尊香玉雕像放在座位两侧，有一天，他正在沐浴更衣，突然间，两尊辟邪雕像一个大笑，一个放声悲鸣。李辅国大惊失色，但笑的那尊辟邪雕像还是大笑不止，悲号的那只哭得更是眼泪鼻涕交下。李辅国觉得这是怪物，厌恶的将两尊雕像砸得粉碎。那之后，李辅国所居住的里巷，香气酷烈，过了快一个月还弥散不去，因为香玉被砸成粉末以后更香了。

这件事以后不到一年，李辅国就死去了。而就在两尊辟邪雕像被砸碎的时候，李辅国宠幸的一个官人名叫慕容，觉得这物件很怪异，于是就私下藏了两盒玉屑，后来被鱼朝恩用三十万钱买走了。再后来，鱼朝恩犯法，将要伏诛的时候，那两盒香玉屑忽然化作白色蝴蝶，升天而去。——《香乘》，引自《唐书》

神女擎香露

孔子当生之夜，二苍龙自天而下，来附徵在之房，因而生夫子。有二神女擎香露，空中而来，以沐浴徵在。——《香乘》，引自《拾遗记》

译：孔子出生的那天夜里，有两条苍龙从天降下，攀附在颜徵在（孔子母亲）的房内，然后孔子便降生了。接着，又有两位神女手持香露从天上而来，为颜徵在沐浴。——《香乘》，引自《拾遗记》

香溪

归州有昭君村，下有香溪。俗传因昭君草木皆香。——《香

乘》，引自《唐书》

明妃，秭归人，临水而居。恒于溪中盥手，溪水尽香。今名香溪。——《香乘》，引自《下帷短牒》

译：归州有一个昭君村，有一条香溪。传说是因为美人王昭君曾居住在这里，所以连村里生长的草木都有香气。——《香乘》，引自《唐书》

明妃昭君是秭归人，她住在水边，一直有在溪水中洗手的习惯，因此溪水也沾染了美人的香气。直到今天，人们仍然称这条小溪为"香溪"。——《香乘》，引自《下帷短牒》

钟火山香草

钟火山有香草。汉武思李夫人，东方朔献之。帝怀之梦见，因名怀梦草。——《香乘》，引自《洞冥记》

译：钟火山出产一种香草。曾经汉武帝思念李夫人，于是东方朔就献上了这种香草。武帝便把这香草拥在怀中入眠，然后就梦见了李夫人。所以这种草从此得名"怀梦草"。——《香乘》，引自《洞冥记》

温香渠

石虎为四时浴室，用瑜石珷玞为堤岸，或以琥珀为瓶杓。夏则引渠水以为池，池中皆以纱縠为囊，盛百杂香药，渍于水中。严冰之时作铜屈龙数十枚，各重数十斤，烧如火色，投于水中，则池水恒温，名曰焦龙温池。

引凤文锦步障萦蔽浴所，共宫人宠嬖者解媟服宴戏弥于日夜，名曰清娱浴室。浴罢泄水于宫外，水流之所，名曰温香渠。

渠外之人争来汲取，得升合以归其家，人莫不怡悦。——《香乘》，引自《拾遗记》

译：后赵皇帝石虎，曾修造一个四季可用的浴室，浴池的堤岸是用玉石砌造的，盛水的器具都是琥珀做成的。每到盛夏，就命人引来渠水，灌入浴池，然后用轻纱做成的香囊装着上百种香料，浸泡在池水之中。到冬天最冷的时候，就自制数十只铜屈龙，每只铜屈龙重数十斤，把这些龙烧得通红，然后扔到水中，就可以让池水保持温暖，因此取名为"焦龙温池"。

浴池的四周，全都用凤凰纹绣的帐幕遮盖，石虎会和宫中的宠妃们脱去内衣在浴池中嬉戏，昼夜不停，该浴池也被称为"清娱浴室"。他们沐浴过后，就会将池水放掉，水流出宫外，浴室水流过的水渠，被称为"温香渠"，每次只要浴池一放水，渠边的人就争抢着汲水回家，只要能够得到一升左右的水，全家人都会欢天喜地。——《香乘》，引自《拾遗记》

厕香

刘寔诣石崇，如厕见有绛纱帐、茵褥甚丽，两婢持锦香囊。寔遽走即谓崇曰："向误入卿室内。"崇曰："是厕耳。"——《香乘》，引自《世说新语》

又

王敦至石季伦厕，十余婢侍列，皆丽服藻饰，置甲煎粉、沉香汁之属，无不毕备。——《香乘》，引自《癸辛杂识外集》

译：西晋时期，刘寔去拜谒石崇。在石崇家厕所内，刘寔看到有绛纱帐和异常华丽的被褥，还有两名婢女捧着锦绣制成的香囊侍立在一旁。刘寔心中一惊，急忙退了出来，对石崇说："刚才误走到您家内室之中了。"石崇说："那是厕所啊。"——《香

乘》，引自《世说新语》

东晋大将军王敦到石崇家去。他上厕所时，边上有十几名婢
女列队侍候，这些女子个个身着华丽的衣服，佩戴着许多精美的
饰物。石家厕所内还放置着甲煎粉、沉香汁之类的物品，各样东
西都准备得很齐全。——《香乘》，引自《癸辛杂识外集》

肌香

旋波、移光，越之美女，与西施、郑旦同进于吴王，肌香体
轻，饰以珠幌，若双鸾之在烟雾。——《香乘》

译：旋波和移光都是越国的美女，与西施、郑旦同时被越王
进献给吴王。她们肌肤常有香气，身形轻盈，又以珠幌装饰，仿
佛身在烟雾之中的一双鸾鸟。——《香乘》

酒香山仙酒

岳阳有酒香山，相传古有仙酒，饮者不死。汉武帝得之，东
方朔窃饮焉，帝怒欲诛之。方朔曰："陛下杀臣，臣亦不死；臣
死，酒亦不验。"遂得免。——《香乘》，引自《鹤林玉露》

译：岳阳有一座酒香山，传说山中深藏仙酒，喝了仙酒的人
可以长生不死。汉武帝得了这种仙酒，却被东方朔偷喝掉了。汉
武帝大怒，便想杀了东方朔。东方朔对武帝说："陛下即使杀了
我，我也不会死去。如果我死了，仙酒也就不灵验了。"于是东方
朔免以一死。——《香乘》，引自《鹤林玉露》

香之书

雪香扇

孟昶夏日水调龙脑末涂白扇上，用以挥风。一夜与花蕊夫人登楼望月，坠其扇，为人所得，外有效者，名雪香扇。——《香乘》，引自《清异录》

译：后蜀皇帝孟昶，喜欢在夏天用水调和龙脑香的粉末，涂抹在白扇子上，用来扇风。有天夜里，他和宠妃花蕊夫人登楼望月，不小心失手把扇子掉下楼去，被人捡到。从此，宫外就有人学这个方法做出同样的扇子，并且命名为雪香扇。——《香乘》，引自《清异录》

贵妃香囊

明皇还蜀，过贵妃葬所，乃密遣棺椁葬焉。启瘗，故香囊犹在，帝视流涕。——《香乘》，引自《明皇杂录》

译：唐明皇从蜀地返回的途中，经过掩埋杨贵妃的地方，悄悄让人用棺椁重新安葬贵妃。打开贵妃的坟墓后，发现贵妃的香囊静静地躺在棺椁里。明皇看着香囊，不禁泪流满面。——《香乘》，引自《明皇杂录》

芳尘

石虎于大武殿前造楼，高四十丈，以珠为帘，五色玉为佩。每风至即惊触，似音乐高空中。过者皆仰视爱之。又屑诸异香如粉，撒楼上，风吹四散，谓之芳尘。——《香乘》，引自《独异志》

译：石虎在大武殿前造起高楼，楼高四十丈，以串珠为帘，五色玉作为佩饰，当风吹来的时候，珠帘便互相碰撞，好像高空中奏响的音乐。经过的人，都被吸引着仰着头观看，十分喜爱。石虎又令人将各种奇异的香料研磨成粉，撒在高楼上，风吹香粉，四散开来，称它为"芳尘。"——《香乘》，引自《独异志》

烧异香被草负笈而进

宋景公烧异香于台上，有野人被草负笈，扣门而进。是为子韦，世司天部。——《香乘》，引自《洪谱》

译：宋景公在高台之上焚烧异香，有一村野之人披着草背着书箱，敲门进来。此人叫子韦，后来成为观察天象的太史兼司星官。——《香乘》，引自《洪谱》

香钱

三班院所使臣八千余人，莅事于外，其罢而在院者常数百人，每乾元节醵钱饭僧进香，以祝圣寿，谓之香钱，京师语曰："三班吃香。"——《香乘》，引自《归田录》

译：北宋前期，三班院掌管的使臣有八千多人，在外处理公务的官员，其中候补的官员就有数百人。每到乾元节（天子诞辰），大伙就凑钱，给僧人施饭、进香，以祝圣上寿辰，称为"香钱"。京师俗语说："三班吃香（借喻令人羡慕的职业）。"——《香乘》，引自《归田录》

香之书

空中有异香之气

李泌少时，能屏风上立，熏笼上行。道者云十五岁必白日升天。一旦空中有异香之气，音乐之声，李氏之亲爱，以巨杓扬浓蒜泼之，香乐遂散。——《香乘》，引自《郭侯外传》

译：李泌小时候身轻如燕，能在屏风上站立，在灯笼上行走。有修道的人说他十五岁时必定会白日升天成仙。自此，一旦空气之中有异香之气和音乐响起，李家的亲友就用大勺泼洒浓蒜，香气与音乐顿时消散。——《香乘》，引自《郭侯外传》

茶墨俱香

司马温公与苏子瞻论奇茶、妙墨俱香，是其德同也。——《香乘》，引自《高斋漫录》

译：司马光与苏轼谈论，说奇茶、妙墨都有香气，是因为它们的德性相同。——《香乘》，引自《高斋漫录》

覆炉示兆

齐建武中，明帝召诸王南康侍读。江泌忧念府子琳，访志公道人，问其祸福。志公覆香炉灰示之曰，都尽无余后。子琳被害。——《香乘》，引自《南史》

译：齐代建武年间，明帝召诸王南康侍读。江泌因挂念府中王子子琳，于是拜访志公道人，询问他的祸福。志公把香炉和其中的香灰一起倒扣，对他说："一个也没有了。"后来，子琳果然被害。——《香乘》，引自《南史》

香传奇·僧道

焚香升仙

叶石林《燕语》述章子厚自岭表还,言神仙升举形滞难脱,临行须焚名香百余斤以佐之。庐山有道人积香数斛,一日尽发,命弟子焚于五老峰下,默坐其旁。烟盛不相辩,忽跃起在峰顶。

译:宋人叶梦得(号石林居士)《燕语》中记述,章子厚从岭南归来,讲到神仙因担心身体滞重难脱,临行前要焚烧百余斤名香,以助飞升。庐山有位道人,积攒香料数斛。一日,他将所积香料尽数取出,命弟子在五老峰下焚烧,道人则静坐一旁。香烟极浓,让人几乎无法看到他的身影。忽然之间,道人便跃升到峰顶之上了。

沉香种楮树

永徽中,定州僧欲写《华严经》,先以沉香种楮树,取以造纸。——《香乘》,引自《清赏集》

译:南明永历年间,定州有个僧人想抄写《华严经》。他用沉

香种植楮树，再以此树为原料造纸。——《香乘》，引自《清赏集》

沉香观音像

西小湖天台教寺旧名观音教寺。相传唐乾符中，有沉香观音像泛太湖而来，小湖寺僧迎得之。有草绕像足，以草投小湖，遂生千叶莲花。——《香乘》，引自《苏州旧志》

译：西小湖天台教寺，原来叫观音教寺。相传，唐代乾符年间，从太湖上漂来了一尊沉香观音像。小湖寺的僧人们前往迎接到寺里。当时，有草缠绕在观音像的足部，僧人将草投进小湖，就生出千叶莲花来。——《香乘》，引自《苏州旧志》

香象

百丈禅师曰："如香象渡河，截流而过，无有滞疑。"慧忠国师云："如世大匠斤，斧不伤其手。香象所负，非驴能堪。"——《香乘》

译：唐代高僧百丈禅师说："如香象渡河，象的体积之大足以让江河断流，自己却没有一点滞迟。"另一位高僧慧忠国师也说："就像世间有名的匠人，使用斧头却从不伤害自己的手。又如香象，所承载的重量绝非驴子能承受的。"——《香乘》

口气莲花香

颍州一异僧能知人宿命。时欧阳永叔领郡事，见一妓口气常作青莲花香，心颇异之，举以问僧。僧曰："此妓前生为尼，好转

《妙法莲华经》。三十年不废，以一念之差失身。"至此后，公命取经令妓读，一阅如流，宛如素习。——《香乘》，引自《乐善录》

译：颍州有一个奇僧能预知人的宿命。那时，欧阳修任当地郡守，见一名妓女口中吐出的气息，常常带有青莲花的香气，就感到很奇怪，便向僧人请教。僧人说："这名妓女前生是个尼姑，喜欢《妙法莲华经》，三十年如一日的学经念道。偶然因为一念之差失身沦落。"后来，欧阳修命人取来经书，让这名妓女读。她读起来极为流畅，就像常常诵读那般熟悉。——《香乘》，引自《乐善录》

逆风香

竺法深、孙兴公共听北来道人与支道林瓦官寺讲《小品》，北道屡设问疑，林辩答俱爽。北道每屈。孙问深公："上人常是逆风家，何以都不言。"深笑而不答。林曰："白旃檀非不馥，焉能逆风？"深夷然不屑。

波利质国多香树，其香逆风而闻。今反之云："白旃檀非不香，岂能逆风？"言深非不能难之，正不必难也。——《香乘》，引自《世说新语》

译：竺法深、孙兴公一起在瓦官寺听北来道人与高僧支道林讲说《小品》。这位北来道人屡次提出问题，而支道林的辩答清楚明晰。北来道人常常处于下风。孙兴公问竺法深："上人，您常常是逆风家（居于下风），为什么从来都不发表议论呢？"竺法深笑着，并不回答。支道林说："白旃檀并非气息不芳香，但不是天树，哪里能逆风？"竺法深轻蔑地不屑于回答。

波利质国有许多香树，香气逆风也能闻到。如今却说："白旃檀并非不香，但不是天树，哪里能逆风？"竺法深并非不能诘难这

香之书

番言语，而是不必诘难。——《香乘》，引自《世说新语》

仙有遗香

吴兴沈彬，少而好道，及致仕归高安，恒以朝修服饵为事。尝游郁木洞观，忽闻空中乐声，仰视云际，见女仙数十，冉冉而下，迳之观中，遍至像前焚香，良久乃去。彬匿室中不敢出，仙既去，彬入殿祝之，几案上有遗香。悉取置炉中。已而自悔曰："吾平生好道，今见神仙而不能礼谒，得仙香而不能食之，是其无分欤?"——《香乘》，引自《稽神录》

译：浙江湖州人沈彬，年轻的时候喜欢道术，等到辞官告老还乡回到高安，总把朝修服食药饵当作大事。他曾经游历郁木洞观，忽然听到空中有乐曲声，仰视云端，看见几十位仙女冉冉而下，径直到观中，逐个到神像前焚香，很久才离去。沈彬隐匿在室内不敢出来，仙女走后，他才进殿祷告，看到几案之上有仙人遗留的香料制品。沈彬把它全部放置在香炉中。不久，他自己后悔地说："我平生好道，今天见到了神仙却不能尽礼拜谒，得到仙香却不能食用，这是我没有缘分吗?"——《香乘》，引自《稽神录》

暖香

宝云溪有僧舍，盛冬若客至，则不燃薪火，暖香一炷，满室如春，人归更取余烬。——《香乘》，引自《云林异景志》

译：宝云溪有僧人的房子，隆冬时节，如有访客到，僧人不会在屋内生火取暖，而是点燃一炷暖香，让整个房间如同春日般惬意。人们离开时，他们更会带走余下的灰烬。——《香乘》，引自《云林异景志》

仙诞异香

吕洞宾初母就蓐时，异香满室，天乐浮空。——《香乘》，引自《仙佛奇踪》

译：吕洞宾的母亲临产之际，产室充满异香，仙乐飘扬在空中。——《香乘》，引自《仙佛奇踪》

香槎

番禺民，忽于海傍得古槎。长丈余，阔六七尺，木理甚坚，取为溪桥。数年后，有僧识之，谓众曰："此非久计，愿舍衣钵资，易为石桥。"即求枯槎为薪，众许之。得栈数千两。——《香乘》，引自《洪谱》

译：有个番禺人，偶然在海边拾得一块古木。古木一丈多长，六七尺宽，木质极为坚实，这人就用它搭在溪水之上做桥。多年以后，有一名僧人识得此木，对众人说："这不是长久之计，我愿出资为大家建座石桥，只求换得这块木头。"即他求这块古木作为酬劳，众人答应了他。后来，僧人得了数千两栈香。——《香乘》，引自《洪谱》

卖香好施受报

凌途卖香，好施。一日旦，有僧负布囊、携木杖至，谓曰："龙钟步多蹇，寄店憩歇，可否？"途乃设榻，僧寝。移时起曰："略到近郊，权寄囊杖。"僧去月余不来取。途潜启囊，有异香末二包，氤氲扑鼻，其杖三尺，本是黄金。途得其香，和众香而

货，人不远千里来售，乃致家富。——《香乘》，引自《葆光录》

译：凌途售卖香料，喜欢帮助别人。一天早晨，有个僧人背着布袋，拄着木杖到他面前，对他说："我年岁大了，路又难走，想借您的店铺歇息一下，可以吗？"凌途就安排了房间，请僧人住下。过了一段时间，僧人对他说："我要到近郊去，暂将布袋、木杖寄放在您这儿。"僧人走了一个多月，也没回来取寄放的东西。凌途悄悄打开布袋，发现有两包一般的香末，气息芳香扑鼻。而那根木杖，竟是黄金制成的，有三尺多长。凌途得到这种香料，与各种香科混合调制成香品出售，人们不远千里来购买。凌途因此发家。——《香乘》，引自《葆光录》

鹊尾香炉

宋玉贤，山阴人也。既禀女质，厥志弥高，年及笄应，适女兄许氏。密具法服登车，既至夫门，时及交礼，更着黄巾裙，手执鹊尾香炉，不亲妇礼。宾客骇愕，夫家力不能屈，乃放还出家。梁大同初，隐弱溪之间。——《香乘》，引自《香谱》

译：宋玉贤，浙江绍兴人，虽是女流，但志向高远。到了要出嫁的年纪，按照家中安排，她应当嫁给表兄许某。她悄悄准备好法服，然后登车出嫁。到了夫家，快要行交拜之礼时，她换上黄巾裙，手拿鹊尾香炉，不行为妇之礼。宾客都吓了一跳。夫家不能使之屈服，便放她回去出家。梁大同初年，她曾隐居于弱溪一带。——《香乘》，引自《香谱》

信灵香（一名三神香）

汉明帝时，真人燕济居三公山石窟中。苦毒蛇猛兽邪魔干犯，遂下山改居华阴县庵中。栖息三年，忽有三道者投庵借宿，至夜谈三公山石窟之胜，奈有邪侵。内一人云："吾有奇香，能救世人苦难，焚之道得，自然玄妙，可升天界。"真人得香，复入山中，坐烧此香，毒蛇猛兽，悉皆遁去。忽一日，道者散发背琴，虚空而来，将此香方写于石壁，乘风而去。题名三神香，能开天门地户，通灵达圣，入山可驱猛兽，可免刀兵瘟疫，久旱可降甘霖，渡江可免风波。有火焚烧，无火口嚼，从空喷于起处，龙神护助，静心修合，无不灵验。——《香乘》

译：汉明帝时，真人燕济居住在三公山的石窟中。苦于毒蛇猛兽及邪魔侵犯，于是下山改居于华阴县庵中。真人在此居住三年，忽然有一天，有三名道人投庵借宿，到了夜里，谈到三公山石窟之胜，怎奈有邪魔侵犯。其中一位道人说："我有一种神奇的香，能救世人苦难，焚烧此香，能得自然之玄妙，可飞升天界。"真人得到这种奇香，再入山中，焚烧此香，毒蛇、猛兽全都自行避走无声。忽然有一天，那位道人披散着头发、背着琴，从空中飞来，将此香方书写在石壁上，然后乘风而去。此香题名为"三神香"，焚此香能开天门地户，通灵达圣。入山可驱猛兽，可免刀兵瘟疫，久旱可降甘霖，渡江可免风波。有火焚烧，无火口嚼，从空中喷出，能得龙神护助，静心修合，无不灵验。——《香乘》

香传奇·普通

沉香甑

有贾至林邑，舍一翁姥家，日食其饭，浓香满室。贾亦不喻，偶见甑，则沉香所剜也。

又

陶谷家有沉香甑，鱼英酒盏中现园林美女象。黄霖曰："陶翰林甑里熏香，盏中游妓，可谓好事矣。"——《香乘》，引自《清异录》

译：有个商人到林邑（故地在今越南中部）去，在一对老夫妇家中借宿。每天吃饭的时候，总觉得浓郁的香气弥布在整个房间。商人不明白其中的缘故。后来，偶然见到这家蒸饭的甑（炊具），才发现，甑竟然是用沉香雕制的。

又

北宋人陶谷家也有沉香雕制的甑，用鱼的脑骨制成的酒盏，其中呈现园林美女的形象。黄霖说："陶翰林家甑中熏香，喝酒游妓，真可以算得上是雅事了。"——《香乘》，引自《清异录》

遇险得脑

有人下洋遭溺，附一蓬席不死，三昼夜。泊一岛间，乃匍匐而登，得木上大果，如梨而芋味，食之，一二日颇觉有力。夜宿大树下，闻树根有物沿衣而上，其声灵珑可听，至颠而止。五更复自树颠而下，不知何物，乃以手扪之，惊而逸去，嗅其掌香甚，以为必香物也。乃俟其升树，解衣铺地至明，遂不能去，凡得片脑斗许。自是每夜收之，约十余石。乃日坐水次，望见海艅过，大呼求救，遂赍片脑以归，分与舟人十之一，犹成巨富。——《香乘》，引自《广艳异编》

译：有人出海时落水，抱着一卷篷草制成的席子，在大洋上漂浮了三天三夜，侥幸逃生。后来，他漂到一座小岛，匍匐爬上一棵果树，摘了树上的大果子。这果子形状像梨子，味道像芋头。他吃了一两天之后，觉得身上渐渐有了力气。有天夜里，他睡在大树下面，听到树根下有东西爬过他的衣服，顺着树干向上。这东西的声音玲珑悦耳，一直到树顶才停止；到了五更时分，又从树上爬下来。他不知到底是什么东西，就用手去敲击，这东西受惊逃走，闻它的掌印，非常香。此人认为，这必定是带香的动物。于是他把衣物脱了，铺在地上。到天亮时，都不再惊扰这动物，于是他得到一斗多的片脑。如此每天晚上都可收获香料，大约有百余斗之多。有一天，他坐在海边，看到有船经过，就大声呼喊救。他获救之后，虽将获利的十分之一分给船上的人，但仍然成为大富之人。——《香乘》，引自《广艳异编》

翠尾聚龙脑香

孔雀毛着龙脑香则相缀，禁中以翠尾作帚，每幸诸阁，掷龙脑香以避秽，过则以翠尾帚之，皆聚无有遗者，亦若磁石引针，琥珀拾芥，物类相感，然也。——《香乘》，引自《墨庄漫录》

译：孔雀毛遇到龙脑香，会有吸附的效果。宫里用孔雀翠尾做成扫帚，每当君主临幸各处，宫人就撒上龙脑香以驱邪辟秽。等到圣驾过去，再用翠尾制的扫帚清扫，龙脑香都吸附在扫帚上面，不会遗落。这就像用磁石吸引铁针，用琥珀拾取尘芥之物一样，是同类事物之间的自然感应。——《香乘》，引自《墨庄漫录》

梓树化龙脑

熙宁九年，英州雷震，一山梓树尽枯，中皆化为龙脑。——《香乘》，引自《宋史》

译：北宋熙宁九年，英州（今广东英德）发生雷震，雷电过后，整座山上的梓树全都枯死，之后这些枯树都化为龙脑香。——《香乘》，引自《宋史》

麝绝恶梦

佩麝非但香辟恶，以真香一子置枕中，可绝恶梦。——《香乘》，引自《本草》

译：佩戴麝香，不仅能让佩戴者有香气，还能为之辟除邪恶。将一枚真品麝香放置在枕中，可以断绝恶梦。——《香乘》，

引自《本草》

唵叭香辟邪

燕都有空房一处，中有鬼怪，无敢居者。有人偶宿其中，焚唵叭香，夜闻有声云："是谁焚此香，令我等头痛不可居？"后怪遂绝。——《香乘》，引自《五杂俎》

译：燕都（今北京）有一处空置的房舍，房内居住着鬼怪，没有人敢再住进去。有个人偶然投宿，焚烧唵叭香。夜里，听到一个声音说："是谁在焚烧这种香？害得我们头痛，这里不能居住了！"此后，这处房舍就再也没有鬼怪了。——《香乘》，引自《五杂俎》

西施异香

西施举体异香，沐浴竟，宫人争取其水，积之罂瓮，用洒惟幄，满室皆香。瓮中积久，下有浊滓，凝结如膏，宫人取以晒干，锦囊盛之，佩于宝袜，香踰于水。——《香乘》，引自《采兰杂志》

译：西施周身带有异香，她沐浴之后，宫人便争相收集她的洗澡水，储藏在瓶瓮之中。如果将这种水洒在帷帐上，整个房间便充满了香气。瓮中的水如果放久了，下面会沉淀出混浊的渣滓，凝结成膏状，宫人将这种物质取出来晒干，用锦囊装好，佩戴在抹胸上，比当时的洗澡水还要香。——《香乘》，引自《采兰杂志》

百蕴香

赵后浴五蕴七香汤,婕妤浴荳蔻汤。帝曰后不如婕体自香。后乃燎百蕴香,婕妤傅露华百英粉。——《香乘》,引自《赵后外传》

译:汉成帝的皇后赵飞燕喜欢用五蕴七香汤来沐浴,其妹婕妤赵合德则用豆蔻汤来沐浴。汉成帝说皇后不如婕妤身体自然带有香味。"于是赵皇后就焚熏百蕴香增加香味,而婕妤则擦露华百英粉。——《香乘》,引自《赵后外传》

寄辟寒香

齐凌波以藕丝连蟒锦作囊,四角以凤毛金饰之,实以辟寒香。为寄钟观玉,观玉方寒夜读书,一佩而遍室俱暖。芳香袭人。——《香乘》,引自《清异录》

译:齐凌波用藕丝连蟒锦制成香囊,香囊四角用凤毛金装饰,里面用辟寒香填充。他把这只香囊赠送给钟观玉,观玉在寒夜读书时,只要佩戴此香囊,整个房间都会变得很温暖,芳香袭人。——《香乘》,引自《清异录》

西域奇香

韩寿为贾充司空掾,充女窥见寿而悦焉。因婢通殷勤,寿踰垣而至。时西域有贡奇香,一着人经月不歇。帝以赐充,其女密盗以遗寿,后充与寿宴,闻其芬馥,意知女与寿通,遂秘之以女妻寿。——《香乘》,引自《晋书》

译：韩寿做贾充的司空掾时，贾充的女儿偷偷见到了韩寿，十分爱慕他。就借婢女表达爱意，让韩寿翻墙来与她幽会。当时，西域进贡了一种奇香，这种香一旦碰着人，历经数月也不散去。皇帝曾将此香赐给贾充，贾充的女儿却悄悄偷了送给韩寿。后来，贾充与韩寿一同吃饭时，闻到他身上芬芳馥郁的香气，猜到自己的女儿与他私通，贾充便顺水推舟，将女儿许配给韩寿为妻。——《香乘》，引自《晋书》

韩寿余香

唐晅妻亡，悼念殊甚。一夕复来相接，如平生欢。至天明诀别，整衣闻香郁然，不与世同，晅问此香何方得？答言："韩寿余香。"——《香乘》，引自《广艳异编》

译：唐晅丧妻后，十分思念妻子。一天夜里，妻子重新来与之相会，如同生前一样尽情欢娱。到了天明诀别之际，穿衣时，他闻到妻子身上馥郁的香气，异于世间的香气。唐晅问妻子这种香是从哪里得来？唐妻答道："这是韩寿余香。"——《香乘》，引自《广艳异编》

素松香

密县有白松树一株，神物也。松枯枝极香，名素松香。然不敢妄取，取则不利。县令每祭祷取之，制带甚香。——《香乘》，引自《密县志》

译：密县（今河南新密市）有一棵白松树，人们认为它是棵神物。这棵松树的树枝很香，人们称它为素松香。但是没有人敢随便摘取香料，担心会带来不祥。当地县令每次摘取此香都要祭

拜祷告。将它制成香品，佩在身上，非常香。——《香乘》，引自
《密县志》

狐以名香自防

胡道洽体有膘气，恒以名香自防，临绝，戒弟子曰："勿令犬
见。"敛毕，棺空，时人咸谓狐也。——《香乘》，引自《异苑》

译：胡道洽身上有狐臭，一直用名贵的香料来掩盖体味。他
临绝之际，告诫弟子说："不要让狗见到我的遗体。"敛葬结束之
后，人们发现他的棺材是空的，当时的人都说，他是狐狸变
的。——《香乘》，引自《异苑》

猿穴名香数斛

梁大同末，欧阳纥探一猿穴，得名香数斛，宝剑一双，美妇
人三十辈，皆绝色。凡世所珍，靡不充备。——《香乘》，引自
《补江总白猿传》

译：梁朝大同末年，欧阳纥探得一处猿穴，得到数斛名贵的香
料，一双宝剑，三十几名美丽的女子，都是绝品。凡是世间视为珍
异的宝物，猿穴中都有收藏。——《香乘》，引自《补江总白猿传》

獭搉鸡舌香

宋永兴县吏钟道得重疾，初瘥，情欲倍常。先悦白鹤墟中女
子，至是犹存想焉。忽见此女振衣而来，即与燕好。后数至，道
曰："吾甚欲鸡舌香。"女曰："何难？"乃搉满手以授道。道邀女
同含咀之。女曰："我气素芳，不假此。"女子出户，犬忽见随，

咋杀之，乃是老獭。——《香乘》，引自《广艳异编》

译：宋朝时，永兴县吏钟道得了重病，刚刚痊愈，情欲是平日的数倍。原来，他喜欢白鹤墟中的女子已久，依然心存念想。有一天，他忽然见到这名女子翩然而至，便与之发生了关系。之后，这女子又来过很多次。钟道对她说："我很想要鸡舌香。"女子说道："这有什么难的？"就双手捧着满满的鸡舌香，赠予钟道。钟道请女子与他一起含嚼鸡舌香。女子回答说："我的气息本来就芳香，不需要沾染此香气。"某一天，这名女子从钟道家出来，被一只狗看见了，狗尾随扑杀她。原来，此女子是只老獭变的。——《香乘》，引自《广艳异编》

蚯蚓一夜香

孟州王双，宋文帝元嘉初，忽不欲见明。常取水沃地，以菰蒲覆止，眠息饮食悉入其中。云：恒有女着青裙白帮来就其寝。每听荐下历历有声发之，见一青色白帮蚯蚓，长二尺许。云：此女常以一夜香见遗，气甚清芬。夜乃螺壳，香则菖蒲根。于时咸以双渐同皁蚕矣。——《香乘》，引自《异苑》

译：宋文帝元嘉初年，在孟州有个叫王双的人，忽然有一天，他不想再看到光线。他常常汲水灌溉土地，将茭白叶子盖在土地之上，吃饭睡觉，都躲在这里。他还说，有一位穿着青色裙子、白色缨带的女子，深夜来与他一同就寝。王双听到草席下有窸窸窣窣的声音发出，还见到一条青色而带有白缨的蚯蚓，大约有两尺多长。王双说，这女子曾赠送给他一匣子香料，香料的气息极其芬芳清新。装香料的匣子是螺壳，香料则是菖蒲根。当时，人们都认为这是一种叫双渐的小虫，是蝗虫的幼虫。——《香乘》，引自《异苑》

迷香洞

史凤，宣城美妓也。待客以等差，甚异者有迷香洞、神鸡枕、锁莲灯，次则交红被、传香枕、八分羹，下列不相见，以闭门羹待之，使人致语曰："请公梦中来。"冯垂客于凤，馨囊有铜钱三十万，尽纳得至迷香洞，题九迷诗于照春屏而归。——《香乘》，引自《常新录》

译：史凤是宣城一名美貌的妓女。她按等级设定差别待客。特别优渥的客人，能进入迷香洞中，枕着神鸡枕，点上锁莲灯；次等的客人则盖着交红被，枕着传香枕，吃八分羹；下等的客人，则拒不相见，以闭门羹相待，并命人对客人说："请您来梦中相会。"有个叫冯垂的客人，倾其所有，将铜钱三十万都交给了她，才享用了迷香洞，并在照春屏上题写了一首《九迷诗》才回去。——《香乘》，引自《常新录》

飞云履染四选香

白乐天作飞云履，染以四选香，振履则如烟雾。曰：吾足下生云，计不久上升朱府矣。——《香乘》，引自《樵人直说》

译：白居易制作飞云履，用四选香熏染鞋子，抬脚迈步时，脚下如生烟雾。他说："我脚下生云，估计不久就会飞升到仙人居住的地方了。"——《香乘》，引自《樵人直说》

五色香囊

后蜀文潆生五岁谓母曰："有五色香囊，在吾床下。"往取得

之，乃澹前生五岁失足落井，今再生也。——《香乘》，引自
《本传》

译：后蜀的文澹五岁的时候，对他的母亲说："在我的床底
下，有五色香囊。"其母前去取出来一看，才明白，原来文澹前生
五岁时失足落井，如今是转世再生。——《香乘》，引自《本传》

好香四种

秦嘉贻妻好香四种，泊、宝钗、素琴、明镜。云：明镜可以
鉴形，宝钗可以耀首，芳香可以馥身，素琴可以娱耳。妻答云：
"素琴之作当须君归，明镜之鉴当待君还，未睹光仪则宝钗不列
也，未侍帷帐则芳香不发也。"——《香乘》，引自《书记洞荃》

译：汉代秦嘉曾将四种上等好香和宝钗、素琴、明镜等物赠
送给他的妻子，并对她说："明镜可以用来观照形态，宝钗可以用
来装饰头面，芳香可以用来温润身体，素琴可以用来愉悦心灵。"
秦妻答道："素琴奏响，是为等待郎君归来；明镜照颜，也要等待
夫君归家；没有见到您光彩的仪容，我不会插上宝钗；未与您相
对帷帐，我也不会使用香品。"——《香乘》，引自《书记洞荃》

玉蕤香

柳宗元得韩愈所寄诗，先以蔷薇露灌手，熏玉蕤香，后发读
曰："大雅之文，正当如是。"——《香乘》，引自《云仙杂记》

译：柳宗元得到韩愈寄来的诗，先用蔷薇露清洗双手，焚熏
玉蕤香，然后才开始阅读。柳宗元说："大雅之文，正当如此对
待。"——《香乘》，引自《云仙杂记》

瑶英唉香

元载宠姬薛瑶英攻诗书，善歌舞，仙姿玉质，肌香体轻。虽旋波、摇光，飞燕、绿珠不能过也。瑶英之母赵娟亦本岐王之爱妾也。后出为薛氏之妻，生瑶英，而幼以香唉之，故肌香也。元载纳为姬，处金丝之帐，却尘之褥。——《香乘》，引自《杜阳杂编》

译：元载的宠姬薛瑶英喜欢诗书，擅长歌舞，仙姿玉质，肌肤香润，体态轻盈。即使是旋波、摇光、飞燕、绿珠也比不过她。瑶英的母亲赵娟，原是岐王的爱妾。后来做了薛氏的妻子，生下瑶英。瑶英从小吃香长大，故而其肌肤生香。元载纳她为小妾，让她住在金丝织成的帐中，使用却尘褥（一种不沾灰尘的子褥）。——《香乘》，引自《杜阳杂编》

蜂蝶慕香

都下名妓楚莲香，国色无双，每出则蜂蝶相随，慕其香也。——《香乘》，引自《天宝遗事》

译：京城有名妓楚莲香，举国之内她的美貌无人能及。每次出游，便有蜂蝶在其左右，追随她的香气。——《香乘》，引自《天宝遗事》

暗香

陈郡庄氏女，精于女红，好弄琴。每弄《梅花曲》，闻者皆云："有暗香。"人遂称女曰"庄暗香"。女因以暗香名琴。——《香乘》，引自《琅嬛记》

译：陈郡庄氏的女儿，精于女红，喜欢弹琴。每当她弹奏《梅花曲》时，听到的人都说："有暗香浮动。"于是人们就称她"庄暗香"。她也因此给琴取名为"暗香"。——《香乘》，引自《琅嬛记》

伴月香

徐铉每遇月夜，露坐中庭，但爇佳香一炷。其所亲私，曰伴月香。——《香乘》，引自《清异录》

译：徐铉每当月夜，便空坐在中庭，只是烧上一炷好香。此香是他所爱，徐铉称它为伴月香。——《香乘》，引自《清异录》

买香浴仙公

葛尚书年八十，始有仙公一子。时有天竺僧于市大买香。市人怪问。僧曰："我昨夜梦见善思菩萨下生葛尚书家，吾将此香浴之。"到生时，僧至烧香。右绕七匝，礼拜恭敬，沐浴而止。——《香乘》，引自《仙公起居注》

译：葛尚书八十岁时，才得到仙公这个儿子。当时，有一位天竺僧人在集市之上大肆购入香料。商人感到奇怪，问其缘故。僧人说："我昨夜梦见善思菩萨下凡，生在葛尚书家。我要用这些香料为他沐浴。"仙公出生之时，僧人前来烧香，右绕七圈，恭敬礼拜，为他沐浴，这才作罢。——《香乘》，引自《仙公起居注》

市香媚妇

昔王池国有民，面奇丑，妇国色鼻齆。婿乃求媚此妇，终不

肯迎顾。遂往西域市无价名香而熏之，还入其室，妇既齁，岂知分香臭哉。——《香乘》，引自《金楼子》

译：从前，王池国有个人，面貌奇丑。他的妻子却长得很美，只是嗅觉失灵。这人想取悦妻子，但他的妻子始终不肯迎合他。于是他到西域去购买天价的名贵香料熏染身体，再回到家中。可是，她的妻子既然嗅觉失灵，还怎么能区分香臭呢？——《香乘》，引自《金楼子》

卒时香气

陶弘景卒时颜色不变，屈伸如常，香气累日，氤氲满山。——《香乘》，引自《仙佛奇踪》

译：陶弘景去世的时候，脸上的颜色没有变化，身体柔软屈伸如常，香气积累数日不散，芬芳充满山中。——《香乘》，引自《仙佛奇踪》

和香饮

卜哇剌国戒饮酒，恐乱性。以诸花露和香蜜为饮。——《香乘》，引自《一统志》

译：卜哇剌国禁酒，怕喝酒的人酒后乱性。于是人们将各种花露与香蜜调制充当饮品。——《香乘》，引自《一统志》

香令松枯

朝真观九星院，有三贤松三株，如古君子。梁阁老妓英奴，以丽水囊贮香游之，不数日，松皆半枯。——《香乘》，引自

《事略》

译：朝真观里的九星院，有三棵三贤松，像古代的君子。梁阁的老妓英奴，用丽水囊装着香料去院中游赏，不几日，松树枯死大半。——《香乘》，引自《事略》

香治异病

孙兆治一人，满面黑色，相者断其死。孙诊之曰："非病也，乃因登溷，感非常臭气而得。治臭，无如至香。"今用沉、檀碎劈，焚于炉中，安帐内以熏之，明日面色渐变，旬日如故。——《香乘》，引自《证治准绳》

译：孙兆曾治疗过这么一个患者，患者满脸黑色，看过他的医生都推断他会死去。孙兆替他问诊后，说道："他其实没有得病，是因为上厕所时，闻到了非同一般的臭气才这样的。治疗这样的臭疾，不如使用最香的东西。"于是，就将沉香、檀香劈开，放在炉中焚烧，将香炉放在帐内焚熏，第二天，病人的脸色有所变化，十天后，恢复如常。——《香乘》，引自《证治准绳》

卖假香受报

华亭黄翁，徙居东湖，世以卖香为生。每往临安江下，收买甜头。甜头，香行俚语，乃海南贩到柏皮及藤头是也，归家修治为香，货卖。黄翁一日驾舟欲归，夜泊湖口，湖口有金山庙灵威，人敬畏之。是夜忽一人扯起黄翁，速拳殴之曰："汝何作业造假香？"时许得苏，月余而毙。——《香乘》，引自《闲窗括异志》
又

海盐倪生，每用杂木屑，伪作印香货卖。一夜熏蚊虫，移火入印香内，傍及诸物，遍室烟迷，而不能出，人屋俱为灰烬。同上。

又

嘉兴府周大郎，每卖香时，缠与人评值，或疑其不中。周即誓曰："此香如不佳，出门当为恶神扑死。"淳佑间，一日过府后桥，如逢一物绊倒，即扶持，气已绝矣。同上。

译：华亭有一位黄翁，住在东湖边，世代以卖香为生。他常常到临安江下收购甜头。甜头，是香行中的行话，是指从海南贩来的柏皮和藤头。黄翁回到家中，将甜头制成香再售出。有一天，黄翁乘船打算回家。夜里，舟船停泊在湖口。湖口有一座金山庙，庙里的神仙极其灵验，人们十分敬畏。当天夜里，忽然有个人扯起黄翁，拿拳头殴打他，说道："你造的什么蘖，制造假香?"过了很长一段时间，黄翁才苏醒过来。过了一个月，他就死去了。——《香乘》，引自《闲窗括异志》

海盐倪生，常用杂木屑伪造印香，出售给人涂抹身体。一天夜里，他熏驱蚊虫，不慎将火放入印香里，又燃及其他物品，满屋子烟气弥漫，他无法逃出来，人和屋子都烧成灰烬。同上。

嘉兴府的周大郎，每次卖香时，都要与人争论价钱。有人怀疑他的香品与价格不符，周大郎就起誓说："这香如果不好，让我一出门，就被恶神扑死。"宋理宗淳祐年间某一天，周大郎经过府内的后桥，像被某件东西绊倒一样倒在地上。人们立即将他扶起来，发现他已气绝身亡。同上。

墓中有非常香气

陈金少为军士，私与其徒发一大冢，见一白髯老人，面如生，通身白罗衣，衣皆如新。开棺即有白气冲天，墓中有非常香气。金视棺盖上有物如粉，微作硫黄气。金掬取怀，归至营中，人皆惊云：今日那得有香气。金知硫黄之异，且辄汲水服之，至尽，后复视棺中，惟衣尚存，如蝉蜕之状。——《香乘》，引自《稽神录》

译：陈金年轻的时候做过军士，他曾偷偷和伙伴挖掘了一座大墓，在墓中见到一位白胡子老人，老人面色栩栩如生，身上穿着白罗衣，衣服全都像新的一样。启开棺木时，白气冲天而出，墓中有不寻常的香气溢出。陈金发现棺材盖上有粉末，微微带有硫黄气，就取了一些藏在怀里带回兵营中。人们都很惊讶，问说："今天从哪儿来的香气？"陈金知道是硫黄的缘故，天亮后就打水洗尽。后来，陈金又去查看大墓，发现棺木只剩下了衣服，衣服薄如蝉翼。——《香乘》，引自《稽神录》

香起卒殓

嘉靖戊午，倭寇闽中死亡无数。林龙江先生鬻田得若千金，办棺取葬。时夏月，秽气逆鼻，役从难前；请命龙江。龙江云："汝到尸前，高唱'三教先生来了'。"如语往，香风四起，一时卒殓，亦异事也。——《香乘》

译：嘉靖戊午年，倭寇滋扰闽中，死者无数。林龙江先生卖掉自家田产，换了数千金，为死者置办棺木，逐一安葬。当时正值夏季，死尸发出的秽气扑人口鼻，人难以上前掩埋尸体，请示龙江先生。龙江先生说："你们到尸体面前，高唱'三教先生来了'。"仆人依照龙江先生的话行事，一时香风四起，很快尸体就收殓完毕了。这说来还挺奇怪的吧。——《香乘》

梦天帝手执香炉

陶弘景，字通明，丹阳秣陵人也。父贞孝昌令。初弘景母郝氏梦天人手执香炉来至其所，已而有娠。——《香乘》，引自《梁书·陶弘景传》

译：陶弘景，字通明，丹阳秣陵（今江苏南京）人，其父陶贞，是孝昌令。最初，弘景的母亲郝氏，梦见天人手执香炉来到她的住所，然后她就有了身孕。——《香乘》，引自《梁书·陶弘景传》

肉香炉

齐赵人好以身为供养，且谓两臂为肉灯台，顶心为肉香炉。——《香乘》，引自《清异录》

译：齐赵人喜好用自己的身体来供神，说自己的两只手臂是肉灯台，自己头顶最中心的部位就是肉香炉。——《香乘》，引自《清异录》

都夷香

香如枣核，食一颗历月不饥，以粟许投水中，俄满大盂也。——《香乘》，引自《洞冥记》

译：都夷香形状像枣核，吃一颗，一个月都不会感到饥饿。如果把它投到水中，一会儿就能涨满整个大盆。"——《香乘》，引自《洞冥记》

香丸志

贞观时有书生，幼时贫贱，每为人侮害，虽极悲愤而无由泄其忿。一日闲步，经观音里，有一妇人姿甚美，与生眷顾。侍儿负一革囊至，曰："主母所命也。"启视则人头数颗，颜色未变，乃向侮害生者也。生惊，欲避去。侍儿曰："郎君请无惊，必不相累，主母亦素仇诸恶少年，欲假手于郎君。"生愧谢，弗能。

妇人命侍儿进一香丸，曰："不劳君举腕，君第扫净室，夜坐焚此香于炉，香烟所至，君急随之，即得志矣。有所获，须将纳于革囊归，勿畏也。"

生如旨焚香，随烟而往，初不觉有墙壁碍，行处皆有光，亦不类暗夜。每至一处，烟袅袅绕恶少年颈，三绕而头自落，或独宿一室、或妻子共床寝、或初就枕。侍儿执巾若尘尾如意，围绕未敢退。悉不觉不知，生悉以头纳革囊中，若梦中所为，殊无畏意。于是烟复袅袅而旋，生复随之而返到家，未三鼓也。

烟甫收，火已寒矣。探之，其香变成金色，圆若弹，倏然飞去，铿铿有声。生恐妇复须此物，正惶急间，侍儿不由门户，忽尔在前。生告曰："香丸飞去。"

侍儿曰："得之久矣。主母传语郎君：'此畏关也，此关一破，无不可为，姑了天下事，共作神仙也。'"后生与妇俱徙去，不知所之。

译：唐朝贞观年间，有个书生因为自小贫贱，所以总是被人侮辱伤害，每当这时他就非常悲愤但是又没有办法发泄他的愤怒。有一天他散步的时候，经过一个叫观音里的地方，看到一个妇人姿容甚美，而且她对书生很好。有个小侍从背着一个皮袋子来，对书生说："是我家主母叫我来的。"书生打开袋子一看，里面是好几颗人头，颜色都还没有变化，就是一向欺负书生的那些人，书生看了很害怕，就想要躲起来。小侍从对他说："先生不要害怕，绝不会连累你的，我家主母向来和这些恶少有仇，只是想借先生之手。"书生惭愧并感谢，表示自己无能。

夫人叫小侍从给他一个香丸，对他说："不劳烦你动手，你只要扫干净房间，晚上坐在香炉前焚烧这个香丸，香烟去哪里，你就立刻跟着去，有什么收获就把它放在皮袋子里拿回来，不要害怕。"

书生于是听她的，焚香并且跟着烟前去，一开始不觉得墙壁是障碍，走到任何地方都有光，也不觉得是在暗夜中走路，每到一处，香烟就袅袅绕住恶少的脖颈，绕三圈恶少的头就掉下来了，这些恶少有的独宿，有的和妻子同床共枕，有的刚刚才睡下。小侍从拿着毛巾尘尾如意一直围绕着他不敢退去。不知不觉，书生就把人头全收进皮袋里了，就像在梦里做这些事，一点也不害怕，于是香烟又袅袅的回去，书生还是跟着这股烟，回到家的时候还没有敲三更的鼓。

烟还没收，但火已经寒了，书生伸手想摸香丸，香丸突然变成金色，像子弹一样，猛的飞走了，而且铿锵有声。书生害怕妇人还需要这个丸子，正在恐慌着急的时候，小侍从没有从门进来，而是忽然站在书生眼前，书生对他说："香丸飞走了。"

小侍从说："我们得到这个香丸已经很久了，主母让我传一句话，先生的恐惧是一个关卡，这个关卡一破，从此没有什么事是你不能做的，我们姑且了却天下事，共同去做神仙吧。"书生后来就和妇人一起走掉了，也不知道去哪里了。

香的传奇，就是人性的传奇

尤瑟纳尔在《东方奇观》中曾写过一个故事，叫做"王佛脱险记"，讲的是一个老画家王佛，他一生沉迷在艺术的幻想中，曾画出最美的女子，最深邃的大海，最娇嫩的花朵，最华美的夕阳，以至于后来被皇帝嫉妒，要抓他去斩首，皇帝对他说："我的王国并不是最美的国家，我也不是至高无上的君王，真正值得统治的帝国只有一个，那就是你王老头通过成千条曲线和上万种色彩所创造的王国，只有你，悠然自得的统治着那些覆盖着皑皑白雪，终年不化的高山，那些遍地盛开着水仙，永不凋谢的田野。"

这个故事，说出了一种权力，甚至是超越皇权的力量，那就是艺术的力量，能够在幻想中造出一个王国的力量，也正是在这种力量的吸引之下，人们开始创造传奇，讲述传奇，所以每当我阅读这些故事的时候，总是忍不住想，这些古老的传奇，到底是什么样的人，在什么样的情景下想象出来的，他想要讲给谁听，讲给别人听的目的又是什么。

在注重实用的当今世界，务实是一种美德，耽于幻想可能会被人视为无用，但幻想真的无用吗？人生在世，短短百年，浮生长恨欢愉少，有太多的希望无法实现，有太多的珍贵之物无法留住，遗憾与缺失固然是人生的一部分，但并非人人都愿意甘心承受，直面真相，于是会心有不甘，会以幻想来弥补，来疗愈，幻想就是在真实世界之外，创造出另一个世界的力量。

而香，天然带有很多可以与幻想结合的属性，香的清幽，香的高贵，香的华丽，香的温柔……香本身就像一种无形的梦境，一种无言的气场，能把人带离红尘中的庸俗与肮脏，于是，就有了如此之多的关于香的传奇故事。从东晋到明朝，1300多年的漫漫时光中，我们读到这上百篇的香传奇，寄托了人类所有的感情，有些是正面的，比如对美的激赏，对气节的尊重，对逝者的思念；也有些感情是负面的，比如对死亡的恐惧，对权势的崇拜……

在这些香传奇中，我们可以看到香几乎与一切发生着关系，香与金钱，香与权力，香与神仙，香与鬼怪精魂，香与祥瑞，香与奇人，香与美人，香与死亡，香与疾病，香与厄运，香与恋情，香与欲望……

香可以是气节、是人品；香可以是爱恋、是怀念；香可以是美丽，是气场；香可以祛病，可以让人复生，香几乎能寄托人类一切渴望的幻象。美丽会逝去，容颜会凋谢，生命会陨灭，权势会消失，但人们却把永恒的心愿寄托在香上，希望即使香的主体不见了，香气却能如一只能够穿越沧海的蝴蝶，把主人的美留在世间，历久弥香。如同陆游诗中所写"零落成泥碾作尘，只有香如故"。

我们先来说说香与死亡吧。

欧文·亚隆曾在《直面骄阳》中说过，死亡焦虑是人类最深的焦虑，甚至他说我们一生所做的各种努力，究其根本都是在对抗死亡焦虑。正因为这种焦虑和死亡如此沉重，我们无法承受，所以人们会想出各种方法来否定死亡这件事的存在，比如想象出一个死后的世界，告诉自己虽然肉体会死去但精魂永存；或执着于寻找长生不死的方法，或者幻想哪怕死去，也能找到一些神药让死者起死回生。

这些想法，在香传奇中都有体现。比如"沉香似芬陀利华"这个故事就说进士贾颙在山中遇到前朝名臣李靖，算一算年纪李靖已经300多岁了，不但没死，还健步如飞，疾奔如骏马，这是为什么呢？原来他吃了香料做的仙丹，后来他把这个仙丹也拿给贾颙吃，并且让他以后就以柏子为食，柏子也是一种香料，贾颙照做之后，也就长生不老了。

而"返魂香"的故事就更玄妙了，这种香出自奇山异树，不但可以让死去三个月以内的死人复活，而且还可以将死去很久的亲人的魂魄召回人间相聚。返魂香，最早的出处是宋朝时的一本笔记《埤雅》，它的作者陆佃并不是无知小民，而是饱学之士，官至左丞相，是王安石的学生。阅读这样的传奇时，我总会忍不住猜想，陆佃到底是出于什么原因写下了返魂香的故事呢？时光太久已经难以考证，我想这故事背后强烈期待死者复活的愿望，一定也寄托着许多对现实的无奈吧。

香也可以是思念，在"瑞龙脑香"的传奇中，唐明皇曾将这种奇香独赠杨贵妃，后来在一次棋局上，杨贵妃为了让皇上开心故意搅乱棋局，那时她的衣服随微风飘起，领巾落在别人的头巾上，余香不散，这人将头巾珍藏起来，当贵妃死后，他把头巾献给皇上，并且说出关于此物的往事，唐明皇想起杨贵妃痛哭不已。这个故事我很喜欢，它写得温柔又哀伤，多年前，偶然被风吹起的美人衣襟上的香气，当然不可能存留那么久，但是她留在人们生命中的记忆，却永远消散不去。多年后，当她香消玉殒，曾经爱过她的人永远失去了她，再想起她的美、她的温柔，就如香气一般直击心底最柔软的所在。就像《长恨歌》里写的那样：

　　　　　　　　　　　　　　　　香之书

"鸳鸯瓦冷霜华重，翡翠衾寒谁与共？悠悠生死别经年，魂魄不曾来入梦。"

这种阴阳永绝的遗憾，除了梦境，就再也不可能有相见的机会了吧。因此，当一个人痴情不已，他唯有幻想在梦中继续见到心爱的人，于是就有了"怀梦草"的故事，传说那是汉武帝思念李夫人的时候，东方朔献上的一种仙草，只要抱着它入睡，就可以梦到想见的人，于是汉武帝就见到了已经死去的李夫人。还有"蘅芜香"的故事，说汉武帝在梦里见到李夫人送给他蘅芜香，醒来以后香气萦绕在衣服和枕边，经月不散。这久久不肯散去的，哪里是香气呢？明明就是相思吧。

除了帝王的相思，其实最让我动容的故事，是汉代秦嘉即将赴任洛阳，与妻子徐淑离别，临走前，他精心挑选了四件礼物给妻子，分别是宝钗、素琴、明镜，还有四种好香。这礼物每一样都饱含爱意："明镜可以鉴形，宝钗可以耀首，芳香可以馥身，素琴可以娱耳。"他希望自己不在的日子里，妻子仍然可以美丽、芳香，并且身心愉悦。但妻子的回答是："素琴之作当须君归，明镜之鉴当待君还，未睹光仪则宝钗不列也，未待帷帐则芳香不发也。"她把这四件礼物都封存起来，并且告诉丈夫，我心爱的人一日不在身边，我就一日不弹琴，不照镜，不梳妆打扮，也不用香，我就在这里，静静地等你回来，尘世间一切的美好与快乐，我都只想和你一起分享。后来，我专门去查了这个故事的结局，原来秦嘉再也没有回来，他病死在异乡，妻子徐淑的哥哥逼她改嫁，徐淑的选择是"毁形不嫁，哀恸伤生"。相爱的两个人，终于没有再见，"同心而离居，忧伤以终老"，那镜钗琴香也就只能永远封存在黑暗中。

细数这些香的传奇，出现的主角大多是美人，在那个没有照片的年代，后世无从了解美人到底能美到什么程度，但香和美向来是如影随形的，所以美到极致，必然也是香到极致，于是就有了这样的传奇故事，比如王昭君曾经洗过手的溪水，至今还有余香；西施洗澡之后的水，甚至可以拿来当香水香膏使用，还有一些绝色的舞女，常年以龙脑和金屑为食，因此全身散发异香，走到哪里香气就飘到哪里……这些美人，在传奇中已经不是肉体凡胎的存在，是真正的仙女，已经不是需要使用香料的人，她们本身就已经是名贵香料般的存在。

名贵香料，在任何时代都是珍惜难得之物，所以也就成了最好的炫富工具，也是最好的烘托权势威严的利器。传奇中也有许多这样的故事，比如唐代的笔记小说《杜阳杂编》为了表现隋炀帝的穷奢极欲，写他一夜能烧掉两百车的沉香，造出一座沉香的火山；北宋时的小说集《续世说》里写，南楚的君主马希范用沉香制成八条龙，自己坐在正中间，还戴着长达数丈的幞头硬脚，自称是一条龙，即将坐殿之时，先让人在龙腹中焚香，烟气郁然而出。所谓权势不就是这么一种东西吗？让人相信你与众不同，天赋异禀，用深殿华服和各种珍奇异宝把自己捧得高高在上，凛然如神仙不可侵犯，到了这一步，已经非常唬人，无论你到底是不是德不配位，但起码这么一通操作下来，就很好地利用了群体心理学，群众内心先矮了半截，这大概也是现代人如此追捧奢侈品的原因吧。

香的确能够被人拿来炫富和造势，成为名利的附庸，但香在史书中最重要的功用，是描述一个人伟大的品质和气节，好比屈原在《离骚》中写到自己身披许多奇花异草，满身芬芳，四方周游，这种行为最终指向的是他精神上的"香丘"："亦余心之所善兮，虽九死而犹未悔。"司马迁在《史记·屈原列传》中曾如此评价屈原"其志洁，故其称物芳"。"志洁"和"物芳"是互为因果的，因为心中干净，志向高洁，所以爱慕芬芳之物，而草木的芬芳，也把诗人灵魂中的不流俗，变成了外化的、可以感知的存在。

香传奇中也有这样的故事，记载在明朝徐祯卿的笔记《翦胜野闻》中，明太祖朱元璋打算屠杀三千僧侣，而吴地的僧人永隆请求自焚以救众僧，故事说他手持火炬自焚，焚烧后的骸骨并没有倒下，反倒有奇异的香气扑鼻而来，迎来一群仙鹤在龛顶飞舞。就像马尔克斯在《百年孤独》中写到何塞被枪杀之后，那巨大的火药味历经多年都挥散不去，其实是他的死在人们心中造成的震撼还在久久回荡。

我们常说"流芳百世，遗臭万年"，一个人的生命是可以自己来决定要变得芳香，还是变得恶臭的，你停留在人心中、历史中的印象，是让人一想起你就觉得温暖、明亮，如同异香扑鼻，心驰神往，还是让人一想起你就恨不得掩鼻而走，如遇秽物般避之不及？每个人活在世上，都是为了某种"意义"，我想每个人都会承认，没有意义的人生其实不值得过。那么意义到底是什么呢？也许就是这一缕香气吧，有形的身体无论如何都会毁灭，那只是虚空，但有些人如同永隆，甘为众人牺牲自己，手持火炬，他就成为众人的光，死后身躯不倒，异香不散。

读完这些别人写下的香传奇之后，我想问问，你的心里是不是也有一个自己的香传奇？在你心里，始终萦绕不去的香气是属于谁的？你又在别人心中，留下了怎样的一段香传奇？

图书在版编目（CIP）数据

香之书 / 亚比煞编著 . —武汉：华中科技大学出版社，2022.8
ISBN 978-7-5680-8452-9

Ⅰ.①香… Ⅱ.①亚… Ⅲ.①香料-文化-中国-古代 Ⅳ.①TQ65

中国版本图书馆 CIP 数据核字（2022）第 099269 号

香之书

Xiang Zhi Shu

亚比煞　编著

策划编辑：陈心玉
责任编辑：林凤瑶
封面设计：三形三色
责任校对：王亚钦
责任监印：朱　玢
出版发行：华中科技大学出版社（中国·武汉）　　　电话：（027）81321913
　　　　　武汉市东湖新技术开发区华工科技园　　　邮编：430223
录　　排：沈阳市姿兰制版输出有限公司
印　　刷：湖北新华印务有限公司
开　　本：880mm×1230mm　1 / 32
印　　张：9
字　　数：224千字
版　　次：2022年8月第1版第1次印刷
定　　价：49.80元